女主力

耿帆 著

青岛出版集团 | 青岛出版社

图书在版编目（CIP）数据

女主力 / 耿帆著. -- 青岛：青岛出版社，2025.
ISBN 978-7-5736-3462-7

Ⅰ.B825.5-49

中国国家版本馆CIP数据核字第2025KG7652号

书　　名	NÜZHU LI 女主力	
著　　者	耿　帆	
出版发行	青岛出版社	
社　　址	青岛市崂山区海尔路182号（266061）	
本社网址	http://www.qdpub.com	
邮购电话	0532-68068091	
策划编辑	于海朋　徐倩倩	
责任编辑	江伟霞	
营销策划	刘贝蓓	
封面设计	信合雅品牌	
制　　版	青岛千叶枫创意设计有限公司	
印　　刷	青岛乐喜力科技发展有限公司	
出版日期	2025年6月第1版　2025年6月第1次印刷	
开　　本	32开（889毫米×1194毫米）	
印　　张	6.5	
字　　数	180千	
书　　号	ISBN 978-7-5736-3462-7	
定　　价	68.00元	

编校印装质量、盗版监督服务电话：4006532017　0532-68068050
印刷厂服务电话：15376702107

编校印装质量服务

序言

当代个人的修齐治平与家族传承

自古以来,我们中国人看待个人、家庭与社会的关系,不是西方人的"交换论",而是"细胞论",即个人是家庭的细胞,家庭是社会的细胞,所以个人服从家庭,家庭服从社会。从儒家修身、齐家、治国、平天下的角度来看,"自天子以至于庶人,壹是皆以修身为本"。

托尔斯泰有句名言:"幸福的家庭都是相似的,不幸的家庭各有各的不幸。"我个人比较认可这种说法。我在从事婚姻、家庭研究多年后,初步总结出幸福的家庭之所以幸福的六个要素:

第一,家庭成员之间要相互理解、包容和忍让。纵观历史和当代社会,不可否认的是,家庭成员之间的关系是非常重要的。在一个家庭当中,成员各有各的个性,也各有各的想法,如果想要和睦相处,家庭成员之间一定要相互理解、包容和忍让。

第二,家庭成员之间进行真心的交流和沟通。一家人之所以成为一家人,是因为彼此信任并能够进行真心的交流和沟通。拥有能够同频共振的家人,对幸福的家庭来说必不可少。

第三,每个家庭成员都应多或先向内探求。我们应通过格物、致知、诚意、正心、修身做到"内圣",即把自己的内心修炼得像圣人一样。当一个人做到"内圣"了,无论是其个人境遇、家庭氛围,还是其人际关系、社会环境,都会越来越好。

第四,每个家庭成员都应少或后对外要求和指责。儒家提倡"君子求诸己,小人求诸人"。家庭成员是彼此关系最近的人,如果总是相互要求和指责,就难免生出嫌隙,不利于家庭和睦。如果家庭成员都能多或先向内探求,少或后对外要求和指责,家庭关系自然融洽。

第五,夫妻、子女之间多讲爱与责任。要构建幸福和谐的家庭,每个家庭成员都应明确自己的责任并主动承担。与此同时,夫妻之间、父母与孩子之间都要学会相互理解和包容,多去发现并珍视彼此的付出与爱意。唯有以爱为基石,以责任为支柱,家庭才能成为彼此温暖的港湾。

第六,每个家庭成员都少讲或后讲道理和权利。家庭是社会的细胞,如果每个家庭成员都能少讲或后讲道理和权利,多讲或先讲爱心、缘分与责任,那么家庭关系就会越来越好,社会氛围也会越来越好。这就好比如果一个人身上的细胞都是健康的,那么这个人也一定是健康的。反之亦然。

这次我为《女主力》作序,是因为作者耿帆老师提出的"共赢传承、兴家旺族"等价值观也是我多年来一直提倡和推广的。在此,希望更多的读者首先认真阅读并受益于这本书,然后通过个人的成长,搭建幸福的家庭,共创和谐的社会。

北京大学历史学系教授 姜庆平

序言

破茧成蝶——当代女性的觉醒与传承

对于女性而言,我们正置身于一个怎样的时代?

在过去的几十年里,我们见证了社会对男性和女性角色的重新审视与思考。传统的性别角色定位渐渐被颠覆,人们开始意识到男性和女性都有着独特的内在力量。女性力量并不仅仅是指传统的母性、柔顺和关怀,更包含坚韧、耐心、智慧和同理心等特质。通常来讲,女性在这个时代比之前更擅长建立人际关系、经营婚姻和家庭,更注重合作、倾听和团队精神。

毫无疑问,对于每一位内心深藏"女主梦"的女性来说,这是活出"大女主"风采的黄金时代。

然而,即便是在这样的时代背景下,女性若想在家庭、事业与人际关系中活出精彩和价值感,仍需穿越一条荆棘之路。

近日,帆姐邀请我为她的新书作序。回忆过去,我才惊觉自己来到这座城市已有二十多年了,生命中的诸多成长和蜕变,都在这段岁月里悄然发生。在这个过程中,经过多年的专业学习和实践,我开始分享关系科学。我跟帆姐因关系科学相识,到如今也有十年之久了。过去的十年里,我们共同服务了上万个家庭,在线下举办了数百场关系科学分享会,目睹了太多身处婚姻和事业夹缝中的女性,她们是如

女主力

何一步步将自己彻底"角色化",又如何一步步在我们这里实现自我重建。

我们倾力推广关系科学,帆姐每年坚持做千帆太太商学院,只为向每一位亲爱的女性朋友传递一个信念:想要人生向好,就必须主动地活着。

你远比你所扮演的角色更加丰富、多元。你的行为、头衔或其他标签,都并非关键所在。重要的是,面对"我是谁"这个问题时,你有没有清晰的答案。向外张望的人在做梦,向内审视的人才会觉醒。只有当你审视自己的内心时,事情才会清晰明了。

为何要重视自己的内心?因为当下的"我"——而非过去的"我"——才是最接近"我"的真实模样。正如心理学家荣格给我的启示,我们的人生体验分为前后两段:前半段致力于塑造健康的自我,后半段则要向内探索并放下自我。但我们的目标并非追求完美,而是追求完整。

在过去几十年寻找内在自我的旅途中,我做得最正确且最有价值的事情,就是不断地进行生命整合,明白了真正的成长并非逃避或否认自身的不完美,而是通过整合内在的光明与黑暗,找到生活的意义和自我满足感。

亲爱的朋友们,人一生中最大的幸事,莫过于成为真正的自己。但这也是一场战斗。若我们能赢得这场战斗,便能唤醒那个完整的自我——包括所有好的、坏的,以及丑陋的部分。

这也正是帆姐在这本书里所提到的"她"时代下女性的迷茫与挑战。

过去人们常说:"女人就该像水一样,盛在什么容器里就是什

么形状。"这种规训如蚕丝般束缚着我们。当代女性已不再甘于做家族故事中无声的配角,她们开始执笔改写每一段被压抑的人生剧本。

当然,觉醒后的重生是更精微的艺术,需要用爱的智慧在过往的废墟上孕育出新的生命形态。就像蚕蛹变成蝴蝶,并非否定蚕蛹的存在,而是在生命中完成了蜕变。当女性开始用悲悯而非怨恨的目光回望原生家庭时,当她们能同时拥抱内在的"孩童"与成熟的自我时,真正的超越便发生了。

这种传承自带疗愈的力量。每一位觉醒的当代"大女主",都可以让自己成为一个兴家旺族的传承型女主人。这就是流动的生命力。

写到这儿,我抬眼望向窗外,深夜的城市宛如一个巨型的玻璃器皿,无数女性的身影在其中折射出相似的光影。这些支离破碎的镜像里,藏着整个时代的集体创伤——那些来自原生家庭的隐形枷锁。那些世代相传的关系密码,正在这个剧烈变革的时代洪流中绽放出前所未有的觉醒之光。

相信帆姐这本书的内容,能让女性朋友们下定决心,从此刻开始做出改变,直面人生,更有力量地解锁生命中的课题,让生命去向更好。

艺畅

暮春写于青岛

 女主力

兴家旺族、创富造福的女性力量

大家好,我是江湖格掌门,也是"人间富贵帆"IP的商业操盘手。当我得知帆姐要写她人生中的第一本书时,我非常开心,迫不及待地想读到她的作品。

帆姐是我见过的真正活出"女性力量"的人。这种力量,不是人们常提及的"女强人"式的强悍,而是一种从柔和与平衡中生长出来的力量。人们对于女性的评价往往是两极分化的,要么柔弱不能自理,要么强悍难以接近。我觉得这些都不是这个时代女性的特质。集柔软与智慧于一身,既自信果敢,又强大包容,活得松弛又极具流动性,像帆姐身上的这些特质,才是这个时代真正的女性力量。

作为三个孩子的母亲,帆姐不仅有十年培训教育经验,还有自己的家族事业,实现了家庭和事业的平衡,真正呈现出了"旺三代"的女主人风范。

我常常思索:为什么帆姐能影响这么多人,且影响那么深远?直到读完这本书,我才找到了答案。

在这本书中,帆姐为每一位女性提供了本质的人生策略,真正致力于帮助姐妹们由内到外"长"出自己的气场、气质和内涵。

帆姐主张用"奢侈品思维"打造高价值人生——精雕内在品质、

深耕文化底蕴、塑造独特魅力,用时间沉淀智慧,让自己活出独一无二的精彩。女性要先活出自我,才能理解社会。这也是帆姐这本书所诠释的内容。我相信,这本书定能影响和造福更多的成长型女性。

看到《女主力》这个书名,我的内心也生出了一种力量。我们要主导自己的人生,才能解决现在的问题。这里说的不是让我们掌控别人,而是主导自己,把自己的人生牢牢地握在自己手中。这个时代的女性力量,既可兴家旺族,又可创富造福。这正是我在帆姐身上看到的闪耀的特质。

作为深受帆姐影响的众多女性之一,结识帆姐后,我的人生一路开挂,我创立了五家公司,业绩翻了十倍,同时收获了家庭和事业的双重幸福。

我相信,当你读完这本书,展望未来十年时,你会有一个更加明确的人生方向。在此,我送上最真挚的祝福。

江湖格掌门

女主力

见过的生命故事越多,心中对生命的敬意便越深。每个人在这浩瀚的宇宙中都如蜉蝣般渺小。无论有怎样的经历和情感,到最后,或许都没有留下什么痕迹。即便如此,我们每个人还是以自己独特的方式璀璨绽放,既沉浸在这热闹的人世间,又保持着旁观者的清醒。

前言

"她"时代女性的迷茫与挑战

当代的我们,正置身于一个怎样的时代?

这是对于女性而言最好的时代。

这也是对于女性而言最具挑战性也最令人迷茫的时代。

这既是属于我们的黄金时代,也是布满荆棘的试炼场。

当下的女性,正面临着前所未有的机遇和挑战。如何过好这一生?如何通过自我成长实现新时代女性"修身齐家,兼济天下"的理想?希望这本书的内容能够为亲爱的读者朋友们带来一些启发和思考。

在中国历史的漫漫长河中,女性的地位经历了数次变迁。在原始社会的母系氏族制度之下,女性备受尊崇,地位非常高。她们作为氏族的核心,掌管着社会生活的诸多环节,主导着氏族的繁衍、生存资源的分配等事宜。

随着社会形态向奴隶社会演进,由于生产方式的变化,男性的体力优势在劳动分工中逐渐凸显出来,女性的社会地位相较于之前有所下降,女性在家庭和社会关系中受到更多限制。但是,女性在社会

 女主力

中仍然扮演着重要的角色。

之后,社会进入了封建时代。尽管在不同的时代背景下,女性的社会地位有所不同——如秦、汉、唐时女性地位会偏高一些,但总体来说,依然低于男性。

直至近代社会,随着工业革命的推进和教育水平的普遍提高,越来越多的女性开始走出家门,接受教育,参加工作。"妇女能顶半边天"的口号应运而生,并得到广泛认可。

在当今社会,随着科技的不断发展,男性相较于女性的体力优势不再显著,而女性的高情商、细致入微、热爱学习及善于协作等特质,在当下愈发凸显其价值。越来越多的女性创业者活跃于各行各业,与此同时,备受瞩目的综艺节目《乘风破浪的姐姐》火爆荧屏。这些现象像是时代的镜子,映照出一个值得我们思考的现实:对于女性来说,近两千年来最大的崛起与成长的机遇来了!同时,对于女性来说,最大的挑战也来了!

在这个时代,我们拥有了前所未有的社会地位、影响力、事业发展空间和创造财富的资源。但与此同时,我们也面临着前所未有的难题。

从事关系科学分享的十年间,我见过很多不同身份的女性,她们各自经历着不同的人生考验。

有的女性自小不被重视,在成长的过程中养成了既要强又敏感的性格。她们在事业上虽是独当一面的女强人,但总是渴望在感情上寻个依靠,最后却发现大多是伤人的情感幻象。

有的女性成年后选择步入婚姻的殿堂,过了十几年相夫教子的生活,眼看着先生的事业蒸蒸日上,自己却逐渐跟不上对方的节奏,能否拥有太太的体面,全取决于先生的个人责任感与良知。

又或者，先生未能在事业上取得大的成就，甚至遭遇职场中年危机等，于是，那些将人生"赌注"押在另一半身上的女性，便有不少人"赌"输了。

还有的女性，在上有老、下有小，中间还有事业的人生夹缝中，一步一步将自己彻底"角色化"，每时每刻都要求自己尽职尽责，却常常忽略自身的内心感受和需求，导致人生逐渐失去了力量与归属感。

……

女性似乎自幼便被诸多标准层层束缚，而我们对自身各方面的要求往往比较高。然而，这些都是不合理的。女性不能将个人的幸福完全依赖于他人，忽视自我价值和自我发展；也不能过度要求自己尽职尽责，却忽略了自己内心的感受和需求；更不能在诸多角色中迷失自己，从而陷入价值单一化的困境。

长久以来，在女性承受层层束缚的同时，男性也被套上了重重的枷锁，如必须功成名就、不能脆弱、不能轻易地表达情感等。冲破这些束缚与枷锁的关键，就是每个人都要正视自我价值与内心需求。我们要勇敢地追求自己的梦想，不断地提升自己的能力，这样才能掌握自己的命运，获得真正的幸福。

那么，在当下这个时代，无论是家庭的女主人，还是事业上的"大女主"，究竟该如何过好自己的精彩人生呢？

我们拥有什么？

• 话语权：从"三从四德"到"妇女能顶半边天"，女性在政治、商业、文化领域的话语权正持续扩大。

• 创造力：全球女性创业者占比逐年攀升，中国女性企业家已成为撑起经济的"她力量"。

女主力

- 资源共享：教育的普及、职场中性别平等政策的推动及互联网经济的蓬勃发展，为女性提供了多元化的财富积累路径。

我们面临什么？

- 新千古难题：家庭与事业之间的拉扯、自我价值实现与社会期待的冲突、情感依赖与独立意识的博弈。

- 隐形枷锁：几千年文化烙印下的"完美女性"的标准——既温柔又坚强，既持家又成功，既无私又自爱。

我们该如何破局？

- 正确面对他人的期待：不要用他人的评价来定义自己的价值，在家庭和事业之间，只要是自己内心的主动选择，而非被动妥协，就值得尊重。

- 自我优先：先照顾好自己，才能照顾好他人。允许自己"不完美"，拒绝被"全能女性"绑架。

- 构建支持系统：打破"孤军奋战"的困境，寻找志同道合的朋友，相互支持，共同成长；在家庭中积极推动责任共担，让伴侣成为真正的"队友"。

- 持续学习成长：持续系统地学习新知识，不断地提升自己的技能和素养。

正如很多男性心里怀揣着"英雄梦"一样，很多女性内心深处也藏着"女主梦"。只是在不同女性的梦中，"大女主"的样子各不相同，即便是同一个人，在不同的人生阶段，在面对不同境遇时，其心境也是千差万别的。

关于什么是"大女主"，人们的看法不尽相同。

有人认为，那些一头扎进商业世界，在激烈的竞争中取得辉煌

成就,为此不惜牺牲个人生活乃至家庭的成功女企业家或女性领导者,是标准的"大女主"。

也有人认为,出身优渥,举手投足间尽显优雅贵气,对艺术、历史、哲学有独到的见解,同时名校光环加身,自身能力出众且伴侣优秀的女性,才是人生赢家。

……………

当然,还有人认为,每个女性都是自己人生的主角,都是"大女主"。这话非常励志,但现实是,这世界上的大多数女性,或多或少地被困在各自的迷茫或人生课题之中。

在过去十年的关系科学从业生涯中,我主办了数百场线下课,聆听过上万人的人生故事。在陪伴大家逐步完善内在、调适人生系统的过程中,我有很多感悟想跟大家分享。这些感悟涉及女性、家庭、价值感、爱与恐惧、成长与取舍、系统与个人,以及我们心中的迷茫与微光。

所以,亲爱的读者们,我真心希望这本书可以成为大家的朋友,甚至在关键时刻可以作为大家解决问题的参考。如果可以,我希望这本书给予大家的,是一条明朗清晰且坚定不移的、令人生向好的成长之路。

在尊重以上提及或尚未提及的观点的基础上,接下来我将分享一些或许对你有所启发的、具有较高可行性的路径和方法,助你成为当代"大女主"。

正如前文所述,在过往的人生经历中,我见证并陪伴了很多女性的成长。她们所处的环境、拥有的资源,以及面对的烦恼各不相同,这让我有了足够多的参考和研究案例。直到深耕文化行业的第十个年

 女主力

头,我才描绘出了比较契合当下时代特征的"大女主"画像。

在自我成长方面,她们深知自己才是破解人生谜题的那把钥匙,每一个课题的出现都是在提醒自己成长的时机到了。因此,她们能够跳出是非对立的局限,言辞中没有抱怨,行动上从不懈怠,始终坚定地朝着向善向好的方向前行。

在人际关系方面,她们展现出卓越的使关系和谐的能力,与家人亲朋、事业伙伴相处融洽,既能承担起自身角色的责任,又能轻松地在各类关系中找到目标,与相关方协同合作,实现共赢,同时助力身边的人迈向更加幸福美满的人生。

在事业与价值创造方面,她们具备清醒的头脑和独立自强的底气。在这个女性再也不需要完全依附于男人与家族的时代,女性的底气不再只是来源于所谓"生得好"或"嫁得好",也可以来源于自身创造的价值。

对于这个时代的女性来说,人生是可以不断成长和升级的。她们向下扎根,向阳生长,在顺境里能够很好地享受生命的美好,在逆境中也能以强者的心态冲破重重阻碍,转逆为顺。

拥有新时代"女主力"的女性,是一群关系幸福、事业成功、身心强大、生命各个层面都通透的人。

女性之美,是关乎承载与流动、滋养与孕育的,是生命之来处的包容,亦是生命之根基的力量。

女性的成长,应基于对自己的爱、对家人的爱、对社会的爱、对整个有形或无形世界的爱。

当下,对于女性而言是一个极其特殊的时代。我们拥有了前所未有的影响力和社会、家庭地位,却仍时常受困于千百年来刻在骨子

里的枷锁。

  但请相信，我们持续真实且有力的成长，不仅能让我们自己不断圆满，让爱人得到滋养，让孩子感到安稳，令亲朋和睦友善，还能推动个人事业发展，进而为社会和谐，乃至国泰民安贡献力量。

  正是源于这样一个信念，我提出了新时代女性的成长理念：关系科学保幸福，商业思维助成功。通过搭建人生"黄金三角"——人际关系系统、事业财富系统和身心平衡系统，成就幸福、成功且自由的人生，令我们自己和所爱之人开启更加美好的未来。

  也正是因为这一理念的提出，我在互联网上的短视频收获了数亿次播放量，吸引了近百万女性的关注。我还通过持续的知识分享，激发了数万人对关系科学的兴趣，引领她们踏上了个人成长之路。创作这本书的契机由此产生。

  谨以此书，献给这个时代所有勇敢的、成长型的"大女主"。

目录 contents

序　言　当代个人的修齐治平与家族传承 / 01
　　　　　破茧成蝶——当代女性的觉醒与传承 / 03
　　　　　兴家旺族、创富造福的女性力量 / 06

前　言　"她"时代女性的迷茫与挑战 / 09

第一章　当代女主人的成长之路
　　　　　女性成长是责任，而非选择 / 002
　　　　　如何拥有确定向好的人生 / 005
　　　　　女性成长的六个阶段 / 010

第二章　旺三代的女主人
　　　　　女主人的影响力 / 030
　　　　　滋养型女主人的特质 / 032

第三章　系统动力与人生黄金三角
　　　　　系统的概念及特征 / 046
　　　　　系统的运行法则 / 049

第四章　构成人生的八大关系
　　　　　人生的八大关系 / 056
　　　　　关系自检 / 057

第五章	转逆为顺的序位感
	序位不对，努力白费 /064
	序位感的两大应用场景 /068

第六章　婚姻——人世间最复杂的关系
　　兴家旺族的男主人特质 /072
　　好的婚姻，是一场合作与共赢的旅程 /076
　　如何经营好婚姻关系 /083

第七章　原生家庭——读懂自己的出厂设置
　　"我"的父亲母亲 /092
　　对家族影响深远的事件 /095
　　父母关系失和对孩子的影响 /098

第八章　如何养出健康向上的孩子
　　内在的"小孩" /106
　　助力孩子向阳成长 /111
　　让花成花，让树成树 /121
　　聚焦优势、提升能力 /128
　　女主人的影响力 /133

第九章　金钱的特性与创造法则
　　金钱与关系 /138
　　财富流动的法则 /143
　　如何塑造良好的金钱关系 /152
　　富而有爱的财富锦囊 /157
　　做好事业定位，搭建个人品牌 /165
　　事业发展与系统规律 /172

后　记　写给所有成长中的"她" /181

第一章

当代女主人的成长之路

 女主力

女性成长是责任,而非选择

对于当代女性来说,人生最重要的是什么?我想每一位女性朋友,基于个人当下境况和价值观的不同,会给出很多不同的答案,如家庭、事业、幸福、自由等。如果有一个词能够让我们达成共识,我想那就是"成长"。

在过去十年的从业生涯中,我陪伴过许多女性完成了从迷茫到清晰,从安全感、归属感、价值感缺失到逐渐走出自己人生之路的蜕变。很多人表示再也不想回到成长前的样子,希望有越来越多的女性朋友真正地开始个人成长。

人们往往对短时间的投入抱有高期待,却对真正能产生复利效应的长期主义缺乏信心。而成长恰恰是一个需要秉持长期主义的过程。它并非一蹴而就,而是需要持续不断地学习、积累和沉淀。

大家不要小看自身的成长。要知道,真正的个人成长遵循同一个脉络:正心、修身、齐家、治国、平天下。那些耳熟能详的话早就告诉我们"穷则独善其身,达则兼善天下""家是最小国,国是千万家"的道理。

一个家庭的女主人,若能让自己的状态稳定向好,她的先生

就会心力充足,她的孩子就会身心健康。若每一个家庭的女主人都是不断成长的、有智慧且能承载的,那么她们将为这个瞬息万变的外界注入多少安稳和踏实的力量?这何尝不是一种巨大的贡献?

先辈们秉持着"国家兴亡,匹夫有责"的信念,铸就了民族坚韧的脊梁。那么时至今日,作为新时代的女性,我们也有责任为了我们自己的人生,为了家庭的幸福,为了民族的传承,铭记:兴家旺族,女女有责。对于这个时代的女性而言,自我成长不是一种选择,而是一种责任。

说起"女主人",就不得不提"太太"一词。周朝时有"三太"——太姜、太妊、太姒。太姜是周太王的妻子、王季的母亲,而王季的妻子太妊生育了周文王,周文王的妻子太姒又生育了周武王。

为了纪念太姜、太妊、太姒这三位德才兼备、功绩卓著的女性,后世便用"太太"尊称一些家庭的女主人。在汉朝,"太太"是老一辈的王室夫人的尊称。在明朝,中丞以上官吏之妻才称"太太"。在清朝,"太太"的称呼因社会阶层的不同而存在严格区分:官员家庭中仅一二品官员的妻子可称"太太",普通家庭中则多为婢仆对女主人的尊称。到了民国时期,"太太"是对知识阶层及达官贵人之妻的称呼。时至今日,"太太"可以是每一个家庭的女主人。

在过去陪伴大家改善家庭关系的过程中,我发现有这样一群人,她们的状态对家庭乃至时代的发展有着深远的影响,这个群体就是当代家庭的女主人。因此,在深耕关系科学的第八个年头,我推出了专注于中国家庭女主人系统成长的项目——千帆太太商学院，提出了"一手关系科学保幸福，一手商业思维保成功"的成长型女主人赋能理念。这一理念一经推出便获得了热烈反响，这恰恰说明当代女性急需一条系统完备的成长道路。

"太太"这个角色，从古至今都非常重要。然而令人惋惜的是，不少女性将"好太太"理解为牺牲、委屈、付出的代名词，却忽略了如何成为一个既能让自身幸福强大又能令家族欣欣向荣的女主人。女主人的状态好坏与能力高低，直接影响三代人——父母在晚年是否安稳，自己与伴侣是否有丰盈的一生，子女是否能树立正确的三观（世界观、人生观、价值观）。

一位女性，唯有先成为更好的自己，才能胜任女儿、伴侣、母亲、事业伙伴等角色。

近年来，我们共同经历了经济与科技的迅速变革，女性的自我认知也发生了很大的变化。当过去的人生经验逐渐失效，很多人开始陷入迷茫：接下来该何去何从？

如何拥有确定向好的人生

人生的改善,不是靠一个人的单点发力就可以实现的,而是需要构建一套以个人成长为中心的完整的人生系统。当一个人同时具备以下八个关键要素时,无论外面的世界如何风云变幻,他自身的生命状态一定是相对稳定且持续向好的。现将这些要素分享给大家。

健康的身体

在与众多成功的创业者和在他人看来当之无愧的"人生赢家"进行深入交流之后,我发现他们有一个共识:身体健康是取得成就的本钱。

作为自己人生的女主角、家庭的主理人,我们应重视自己的身体健康,同时也要关注家人的身体状况。

当我们身体健康、充满活力时,我们的情绪和行动力自然也会处于良好的状态。我时常在直播和线下课程中很认真地要求大家:好好吃饭,好好睡觉。善待自己,就从善待身体开始。

稳定的情绪

近些年来,越来越多的人意识到,健康并非单纯指身体没有

 女主力

疾病，还包括情绪的稳定。

情绪稳定并不是指"管理情绪"或是"没有情绪"，而是指在任何情绪来临时，我们依然可以保持内心的平静和从容。人与情绪的理想状态是情绪如天气般自然变化，而"我"如天空般稳定包容。

身为女性，细腻、敏感是我们内在世界的特质，这种特质让我们拥有更加敏锐的感知力，也让我们更容易与人共情。所以，不要误以为想要变得强大就要消灭情绪。相反，一个能够享受各种情绪却依然保持状态稳定的人，才是真正的强者。

和谐的关系

哈佛大学历时 70 余年的"幸福感研究"得出了一个结论：人的幸福感来源于与亲近之人建立的良好关系。

在学习并分享关系科学十年后，我愈发深刻地认识到，一个人对关系的认知深度与经营能力，在很大程度上决定了其人生的幸福程度。

假如人生是一场旅途，那么经营关系的能力就如同我们的驾驶技术，只有经过系统学习和充分实践的人，才能够更加从容地应对各种复杂的路况。在后续的篇章中，我们也会展开探讨如何经营不同类型的关系。

足够的金钱

正视并尊重金钱的重要性，是女性走向成熟的标志之一。对

于成年人来说，拥有健康的金钱观非常重要。

金钱，既是现代人类社会的必需品，也是人类为了方便贸易交换而创造出来的工具。我们如果想要跟金钱建立更好的关系，首先就要了解金钱的特质与流动法则，否则，无论我们赚多赚少，都很难实现真正的"财富自由"。

有趣的是，很多人虽然清楚金钱的重要性，但真正系统地学习过如何赚取和运用金钱的人寥寥无几。在本书的后续章节中，我们将对这一问题做更加深入系统的探讨。

热爱的事业

当代女性有两大"人生课题"——婚姻和事业。我们小时候，常听老一辈说"干得好不如嫁得好"，但现实中，我认识的很多成长型"大女主"，已然是一手拥有幸福家庭、一手拥有成功事业的双赢家了。

事业是实现自我价值、提升个人能力的理想途径。然而，许多女性在追求事业的过程中常常面临一个难题：如何平衡好家庭和事业之间的关系？这个问题，考验的是我们合理分配时间与精力的智慧，以及整合资源的能力。

不要试图一个人搞定所有的事，无论是家庭还是事业，都需要团队协作、彼此帮扶才能获得成功。

系统的学习

什么是系统的学习呢？就是持续地在某些特定领域中进行有

效学习。什么才算有效学习呢？就是要看它是否给你带来了真实的、正向的改变。

学习可以分为"学"和"习"两个过程。"学"为输入的过程，"习"为实践和输出的过程。如果只有输入没有实践，那么学习就如同纸上谈兵，很难让人生真正变好。

向上的圈子

常听说"人是环境的产物"，那么什么是最常见的环境呢？其实就是一个人所在的"圈子"，即我们经常跟什么样的人在一起，处在怎样的人际关系中。

如果一个人身边的人爱运动，那么他也会在潜移默化中变得勤快起来；如果一个人身边的朋友家庭和睦，那么他也会更加用心地经营自己的家庭；如果一个人身边是正心正念的创业者，那么他也会更加努力地工作。

离开学校之后，人最重要的三个"圈子"分别是家庭圈、职场圈和成长圈。家庭圈决定了我们与谁一起生活，职场圈决定了我们跟谁一起工作，成长圈则决定了我们选择与什么样的人共同变好。

正念的初心

怀揣善意、期待和共赢的初心，是好的开始。

如果我们想要一个确定向好的人生，不妨从认真审视并修正自己的初心开始。

以上八个要素，总共四十个字，看似简简单单，却是很多人终其一生未曾完全拥有的人生体验。在本书后续篇章里，我也会围绕如何搭建确定、向好的人生系统展开讨论，让每一位读者逐步完善自己的人生系统，从而实现生命的成长。

女主力

女性成长的六个阶段

意识到自己正面临一系列无法解决的问题

大多数女性的自我成长，往往始于她们意识到自己正面临一个难以接受的课题：也许是关系的不如意、事业的不顺心、情绪的不稳定，也许是人生步入了新阶段，角色的转变让她们肩上的责任越来越重，她们不得不做出改变，否则人生便开始走下坡路，甚至无路可走。

在这种情况下，有些人选择放弃，就此躺平，一味地埋怨外界。她们停留在山脚下，望着眼前的大山，觉得山太高了，困难太大了，自己的人生根本无法改变。

26岁那年，研究生毕业的我正式入职银行，有了一个以结婚为目的的男朋友——留学期间的室友兼山东老乡——韩先生。曾经，我以为自己不可能结婚，一心只想独立搞事业，结果遇到对的人后，一切便水到渠成。在众人的祝福声中，我们携手步入婚姻的殿堂，组成了新的家庭。

童话故事的结尾总是"从此他们幸福地生活在一起"，现实

却是"从此人生的风雨开始来临"。

我从没想过婚后的生活竟会如此艰难。韩先生是一个非常好的人,我也是,但当时我们的婚姻挺糟糕的。

伴随着我们的婚姻生活开启的是我在银行的高强度工作和韩先生的创业之路。两个人同时迈入全新的家庭和事业阶段,各有各的挑战和想法。他认了一位社会经验丰富的人做大哥,经常出去喝酒应酬,尤其是我休息的周末,他经常不在家。而我每天要面对重复且高强度的工作,领着几千元的月薪,对比自己过去数年里过百万的留学支出,内心的焦虑和压抑在"想要把日子过好却怎么也过不好"的矛盾中逐步积累和发酵。

27岁那年,长期的压力和无处安放的情绪让我的身体不堪重负,消化系统出现了非常严重的问题,我不得不做了一次重大的肠道手术。在那期间,韩先生在那位大哥的推荐下,做了两项看似稳妥的投资。然而,投资之后我们才发现,投资对象有很大的问题,短短几个月的时间,这笔投资款就打了水漂。那位大哥因设计了不当的业务模型,不仅让我们蒙受损失,也连累了与之相关的其他人,最终被带走调查,并受到了相应的处罚。

同年,公公刚做完胃癌手术。韩先生出于各方面的考虑,决定不把投资失败的事告诉家里。

当时,我一方面觉得这是韩先生的选择,既然当时我没说什么,事后就不该埋怨;另一方面我又想,既然我们已经成为夫妻,就该与他共同面对。于是,我也加入了这场"隐瞒行动",从未有过抱怨或指责。只是,生性光明磊落且从不说谎的我,每次面

对老人家的关心,都感到压力很大。

那真是一段艰难的日子。手头的现金几乎耗尽,韩先生的公司还处于初创阶段,我每个月只有几千元的工资收入,账户上仅剩几万元的结余。为了维持公司的运转,我们卖掉了结婚时收到的金条、金器,我甚至还以个人信用为抵押,贷了30万元给韩先生的公司周转。

在这个时候,我怀孕了。

孕期里,我的体重一路飙升,最终达到了95公斤。我内心充满了焦虑和不安,睡不成一个好觉,经常深陷在悲观的情绪之中。我们住着公婆购置的海边婚房,开着奔驰轿车,可即便如此,我们仍时常要为公司下个月的运营成本、物业费等支出发愁。产后,我的头发大把大把地掉,身体也开始出现各种问题。休完产假之后,我回到银行上班,那时整个人的身体和精神状态都跌入了谷底。

产后一年左右,我又一次被推进了手术室,这次是妇科出了问题。我清楚地记得,当时医生看着我的检查报告,惊讶地问我:"你这年纪轻轻的,到底有什么事想不开?身体状况简直跟50多岁更年期的人一样。"那次手术过后,我静养了近两个月。经过一番深思熟虑,并与家人沟通后,我回到自己工作了三年的地方,递交了辞职报告。

辞职后,我本以为可以开启一段安心休养的时光,然而令人沮丧的是,我的情绪、身体状况和睡眠状况反而变得更糟了。很多次,我跟先生说,我感觉生命毫无意义。当时,我们并不知道"产后抑郁"这个概念。先生很在乎我,却也无法理解:曾经阳光快乐的女孩，为什么会变得阴晴不定？我总陷在莫名其妙的沮丧中，觉得这也不好，那也不行，头发大把大把地掉，还整夜整夜地睡不着觉。

29~30岁那两年，大概是我整个人生中最迷茫和最无助的时期。我非常想要经营好自己的人生，想要助力韩先生把事业做好，想要把刚出生的大女儿照顾好。可是，那段日子里，我每天都生活在睡不好觉、无所事事、心情沉重且看不到任何希望的痛苦中。

我感觉自己仿佛被埋在暗无天日的地底，无论朝哪个方向努力，面前都是无尽的黑暗和压力。我的内心涌动着无数想要改变和打破现状的渴望，却总是无能为力。

如果此刻你的人生也正经历着这种如被深埋在地底般的低谷期，那么我相信，接下来的内容一定会为你注入一些力量，助力你的人生迎来新的曙光。

努力探寻解决问题的方法

当我们遇到实在无法改变的困境时，一部分人可能会选择得过且过，一边抱怨一边默默忍受，不做任何改变；另一部分拥有改变动力和成长潜力的人，则会静下心来反思、沉淀，寻找方法，主动寻求突破。

当下，我们已然迈入了一个全民学习的时代，大家借助短视频、直播课、录播课等途径获取知识，或者在机缘巧合之下获得一个意外的学习机会，从而开启新的可能。步入这一阶段的人们，

 女主力

仿若井底之蛙终于开始窥见"深井"之外的广阔天地。然而，有些人即使看到了外面的世界，也因缺乏勇气和资源而无法前行，只能观望。他们可能退回到第一阶段躺平，或是停留在这一阶段，不断试图寻找一个完美的解决方案，却始终不采取行动。就好比一个想要翻越高山的人，却只在山脚下徘徊，尽管他了解了各种登山工具，但始终未能迈出登山的第一步。

在我最痛苦和迷茫的那段日子里，我妈经朋友介绍接触到了一门课程——关系科学。参加过几次学习后，她深受触动，强烈建议我们也去学习，甚至到了每次见面都要提好几次的程度，还对我说："你去学了就不会离婚了，不去的话很容易离婚。"当时本就悲观敏感的我，实在听不得这种说辞，心里别提有多反感了。那时的我对这些课程抱有"骗人、洗脑和割韭菜"的看法，对"上个课就能改变命运"的说法更是嗤之以鼻，因此，老妈越劝说，我就越抵触。

几个月后，或许是长时间背负着亏钱秘密的压力过于沉重，又或许是磨不开丈母娘的情面，韩先生在老妈的劝说下走进了"关系科学"的课堂。谁能料到，这次学习竟成为我们所有关系和人生的转折点。

韩先生第一次参加学习之后，回来跟我说了三句话：

（1）"我有些明白为什么我们会经历这些了。"

（2）"原来我跟你的关系比跟咱爸妈的还重要。"

（3）"有机会的话你也去听听吧，真的挺好的。"

第一章　当代女主人的成长之路

真正触动我的，是那句"原来我跟你的关系比跟咱爸妈的还重要"。要知道，在我们两个人过往的认知中，各自的原生家庭是比我们的小家更重要的。虽然我们没有对双方长辈不尊重，但彼此之间总有一种隐隐的不适感。因此，结婚三年来，我们闹了无数次别扭。后来，我们转变观念，先顾自己的小家，再考虑各自的原生家庭，生活和关系越来越顺。

在将信将疑中，那年秋天，我第一次走进了为期四天的"关系科学"课堂，并完成了人生中第一次对自己家族系统的探索。

在学习现场，我压抑了多年的情绪终于有了一个出口。关于被父母陡然留在爷爷奶奶家的绝望与无助，关于因爷爷抑郁而突然离世所导致的惊吓与不舍，关于父母突然离异让我从天堂跌入地狱的不安和所受到的伤害……这些情绪，原来一直潜藏在我看似得体、理智、不出错的人生表象下，在我的内心堆积成厚重的阴霾，让我的心时时不见天日。无论我拥有多好的物质条件，身边有多少关爱我的人，我都视而不见，固执地沉浸在抑郁和病痛中，执着于过往的苦难。

也是在那时，我第一次意识到"系统的力量"竟如此之大。我们如果无法完整地看到作用于自身生命中的这一股股无形的系统之力，仅凭个人想当然的努力，往往难以走向幸福与成功的人生。

首次学习结束之后，困扰了我十几年的严重偏头痛竟不治而愈，课程中的诸多内容更是颠覆了我过往对世界和关系的认知。于是，辞职在家的我一边陪伴大女儿成长，一边"泡课"学习。那时的我们万万没想到，自此我们走上了一条成长的"不归路"。

 女主力

初遇关系科学的我，宛如一颗在黑暗的泥土中努力了许久才破土而出的种子，终于迎来了充满希望的幼苗期。该怎么形容那段时间的状态呢？虽然所有问题依然存在，但内心希望的种子一旦发芽，整个人的状态就会开始发生改变，看待万事万物的心态都变得积极向上，生活也因此变得欣欣向荣。

在成为咨询师和关系科学导师之后，每当面对初次前来学习的新朋友，我都会郑重地强调：成长是有次第的。真实的成长，始于真实的自我探索与觉察。当我们看清自己过往未曾察觉到的"生命中的黑拳"时，我们才有机会进行调整和清理，也才有可能拥有健康的生命状态。

那么，什么是"生命中的黑拳"呢？如莫名其妙反复出现的负面情绪、不良的关系模式，以及在事业、金钱甚至健康方面付出的代价等。这些状况的出现无一不在提醒我们：在人生系统中，有一些我们本该看到却未察觉到的启示，有一些我们本该调整却未曾处理好的关系。

走上系统成长之路

那些真正有诚意解决问题的人，在研究好方法之后便会采取行动，选择一种学习方式来促进自我成长。他们开始体验与以往截然不同的语言和行为模式，逐步解锁生命中的难题，并设立自己的人生目标。

在这个阶段，我们就好比开始了登山之路，起初总是信心百

倍、踌躇满志，内心满是憧憬，动力十足，坚信自己找到了最正确的方向。尽管前路漫漫，但此时的我们是最有信心的。

如果说命运的齿轮有过震颤，那便是在我29岁那年的下半年，它毫无预兆地偏离了原定轨道，猛地向前跳动了一大格。初次参加完艺畅老师为期四天的课程后不久，我发现自己怀了老二。与怀老大时的心境截然不同，这一次，我不再紧张，不再担心自己当不好妈妈。当天，我便联系了当地的慈善机构，捐赠了一笔善款，助养了20个孩子，希望能将生命的美好传递给更多可爱的孩子。

次年8月底，我的二女儿呱呱坠地。产房里，老公、老妈和婆婆都陪在我身边，共同迎接这只可爱的"小猴子"。从此，大女儿也迎来了她人生中至关重要的成长伙伴。

我深感庆幸，在怀二宝期间，我一直持续不断地学习和自我疗愈。再次当妈，我的状态比生大宝的时候好了很多。家中的琐事、孩子的日常照顾、自己的学习及与老公的相处等，我都能够安排妥当。更令人欣喜的是，通过持续参与系统的课程学习，我结识了一群非常优秀的朋友，社交圈子也逐渐拓展开来。

那是一段如今回想起来仍让我感到仿若"得见天堂"的美好时光。当然，那时的我，并不知道自己会与关系科学结下如此深厚的缘分，更不知道，在那之后的经年岁月里，有很多人也因为我的分享而踏上了关系科学的学习与探索之旅。

随着我在关系科学领域的学习越来越深入，我越发感受到，

 女主力

所谓的"天堂"和"地狱",其实可以同时存在于我们正经历的这场人生旅程中。

有的人在年纪很小的时候就失去了父母,有的人常年遭受病痛的折磨,有的人因为错信他人而负债累累……当然,也有的人过着财爱兼备、富足丰盛的生活。

在这个地球上,每一天都在上演着形形色色的人生剧本。

黎明前的黑暗期

真正实现生命的成长与蜕变,往往是一个漫长且艰辛的过程。由于每个人的起点不同,大多数人很难完成从"地狱"到"天堂"的跨越。

很多人走着走着,逐渐感到疲倦,甚至开始怀疑成长的意义:似乎没有什么改变,耳边充斥着质疑的声音,无论自己如何调整,外界的挑战依然接踵而至,甚至更加严峻。处于这一阶段的人,往往会自我怀疑,感觉时间、精力、金钱和信心被消耗殆尽。

此时,存在两种可能性:第一种是我们的确选择了一条并不适合自己的成长之路,在攀爬的过程中更多的是消耗而非收获。在这种情况下,及时止损、复盘经验教训是最明智的选择。第二种是我们的选择是正确的,但缺乏足够的能量和资源支持我们继续向前,我们需要滋养和补给。这也是为什么我一直强调在成长前期务必要定期"充电",并尽可能地争取身边人的支持。毕竟,此时我们的心力尚未强大到足以独自面对"种子破土前无论怎么努力都看不到成果"的绝望。

很多事情，萌芽前是压力，破土后是支持。成长，本来就是不断突破自我的旅程。遗憾的是，总有人会停滞在这个阶段。尤其是那些初心不够纯粹、目标不够坚定的人，曾经充满的电量又悄然耗尽了。

然而，他们未曾意识到的是，真正的成长往往不是一帆风顺的。在成长过程中遇到的种种困难和挑战都是对我们能力的考验，而自我怀疑恰恰是成长的前奏，它意味着旧的认知正在被打破。

我们只有持续地学习，才能为成长注入核心动力。那些被投入的时间、精力、金钱和信心，都在为我们积蓄破土而出的力量。而那些看似"无用"的积累，终将会以另外一种形式迸发出惊人的能量。

在系统学习了一年多之后，有一天，我突然陷入了深深的自我怀疑。我突然意识到，持续上课和学习这件事，除了让我感觉好受一些、情绪稳定一些之外，好像并没有切实地改变我的生活现状：欠款依然没有要回来，生活似乎也没有发生什么巨大的、具体的变化。说实话，我不禁开始怀疑：学习这条路真的能给我带来实质性的改变吗？

幸运的是，就在这个时候，我听到了一个让我醍醐灌顶的理论：投资学习的效果往往具有滞后性。

这句话是什么意思呢？它的意思是说，一个人从开始学习某项技能或知识，到能够真正依靠所学取得成果，往往需要经历一段时间的沉淀与实践，正如人们常说的"三年入行，五年懂行，

十年成王"。每一次跨越,都需要耐心、努力、付出和坚持。

我开始了深刻的思考:关系科学,有没有可能不仅仅是我的一个爱好和课堂所学?它有没有可能成为我的事业呢?

于是,我开始一边继续深入学习,一边尝试通过文字和与朋友聊天的方式,分享过去一年多的所学、所思。渐渐地,身边的朋友因为我的分享而开始接触并学习关系科学,并且他们每个人都真诚地向我表达了谢意。

与碎片化的学习不同,系统性的个人成长更像是我们在离开校园之后,为自己选了一门新的专业并不断地深耕。想来也是挺感慨的:我们大多数人学过物理,做过化学实验,经历过生物解剖,但对有的人来说,具备这些知识后也难有用武之地。在那段最专注学习的青葱岁月里,我们却从未有机会系统地学习如何经营关系、创造和运用财富,以及如何为自己的人生做出明智且恰当的抉择。

因此,个人成长可以说是离开校园后很多人都需要,却只有少数人能够完成的一门人生必修课。

守得云开见月明

我们经过足够长时间的忍耐与前行,穿越黎明前的黑暗,便有机会进入这个阶段:个人的内在智慧开始萌发,内心培育出新的世界观、人生观、价值观。在这个阶段,我们能够洞见一些事物的运作规律,有了真正的感恩心与平常心,能够看懂此前阶段给自己的人生带来的变化与意义。我们拥有足够强大的心力去面对人生中的各种挑战，能够顺应环境的变化，做出对自己有益的选择，不再埋怨或指责。此时的我们，就像充电宝，不仅自己能量满满，还能时不时地给予他人支持与力量。身边的人不禁会对我们刮目相看，满心好奇地问道："你最近变化好大，发生了什么？"

2016年年底，我们的关系科学老师——艺畅老师，结束了与前平台的合作。春节前后，我们经常聚在一起喝茶。那时，在我们的共同努力下，家里的经济状况有了明显好转。于是，韩先生向艺畅老师提议，希望让更多的人受益于曾助力过我们的关系科学，哪怕完全以公益形式。艺畅老师被他这份纯粹的初心感动，并提出有商业助力的公益模式可以更加长久且稳定。就这样，在一次次茶香四溢的探讨中，"自在堂"应运而生。

2017年，"自在堂"举办了39场线下课，周末我们经常在各地市开设关系科学公益课，向能够触及的每一个人传递这样一个理念：如果空有关系而不懂经营之道，我们就会感到痛苦。我们也竭尽所能地告诉大家，一定要用系统性的视角看待人生，了解每个人背后的序位、完整与平衡。

那大概是我有生以来最忙碌的一段时间：二宝年幼睡得浅，通常会在凌晨三点醒来，然后再一觉睡到天亮。于是，"自在堂"很多至今仍在沿用的文案，都是凌晨三点前我用手机一字一句写出来的。那时"自在堂"刚成立，满打满算只有四五个人，大家连轴转，高负荷地开课，但每个人都乐在其中。

在此，我由衷地感谢那些从一开始就给予我们莫大支持的老

 女主力

朋友和与我们共同成长的伙伴们。不知不觉,大家已经在彼此的生命里相互陪伴了近十年。

"自在堂"创立之后,我感觉自己的人生仿佛"开挂"了一般。我的情绪越来越稳定,为人处世也日渐得体,能从容应对很多突发情况。我从一个在家养尊处优的"全职太太",逐渐成长为一个独当一面的创业者。

2017年到2019年是我们发展极为顺利、口碑日益稳固的三年。在这段时间里,我们举办了近百场关系科学公开课,覆盖了山东省内的很多城市,帮助数千个家庭改善了关系,让许多人踏上了个人成长之路。

2019年2月,我远赴巴黎学习意识科学课程。没想到,回国第一天,我就惊喜地发现老三悄然来到了我的生命中。当时,我想到自己刚减了25公斤的体重和准备大干一番的雄心,多少有些措手不及。好在我迅速调整了心态,而后意外地发现,老三仿佛为我的事业开启了"外挂"。整个孕期,我的状态非常好,效率很高,甚至在生老三前的十个小时,我还在为第二天有200人参与的大课与团队开会,直到开始出现有规律的宫缩,我才笑着和大家告别。经过一夜的努力,第二天早上六点多,我终于与韩老三见了面。当时,我评估了一下自己的体能,觉得一会儿回去工作应该没啥问题,不过我这种跃跃欲试的念头被韩先生及时打消了。

此次产后我选择在月子中心坐月子,原因是这里离公司步行只有十分钟的路程。产后第九天,全公司的小伙伴聚在月子会所我的房间里,我们开起了工作会。

第一章 当代女主人的成长之路

回想起三次生娃经历，我深刻地体会到，当我的能力和心力越强大，面对诸多事情时我就越能举重若轻。因此，如果生活中你感觉有很多"泰山压顶"的时刻，那么大概率是你自己还不够强大。我们可以通过不断成长和让自己强大来解决遇到的难题，如果暂时解决不了，那就再努力成长一些。

老三出生后的那年春节，是我们难忘的三年的开端。我坐了一个长达六个月的月子。大女儿、二女儿的幼儿园停了课，刚出生的老三在两个姐姐的陪伴下情绪格外稳定，才两个月大就能一觉睡到天大亮。

受大环境影响，我们所有的业务和线下课程都不得不暂停。那段时间，短视频逐渐兴起。在韩先生的建议下，我开始尝试自拍、剪辑短视频，并在每周六晚上开直播，这算是我个人 IP 的 1.0 阶段。那时的我只是单纯地想找一个地方释放一下自己的分享欲。在我自己胡乱摸索的过程中，有两条视频意外火了：一条是我分享去品牌店买包的经历，获得了 200 万次的播放量；另一条是我讲述原生家庭中父亲对女儿的成长所产生的影响，引发了一万多人点赞和上千条评论。这时我才意识到，原来大家对关系科学的认知大多是一片空白，而已经深入研究了它四年的我，深刻地知道它是一门多么重要的必修课。于是，在无法线下开课的日子里，想选题、拍视频就成了我的日常工作。

在第一个账号自拍、自剪、自更了半年后，我们的线下业务逐渐恢复。与此同时，我还要照顾三个孩子，再加上当时孤军奋战的我并没有完全摸清自媒体的运营逻辑，因此，那个已经拥有

 女主力

6.8万粉丝的账号就这样被我草草停更了。但那时练就的镜头前的表达能力，以及对抖音平台运营的熟练掌握能力，为我后来的发展打下了基础。

如今，越来越多的人开始意识到终身学习的重要性，却误以为只要不断学习就足够了。于是，我们经常看到许多人频繁地穿梭在各种课程体系之间，今天参加这个商学院，明天加入那个私董会，后天又去追逐人工智能的投资风口……在培训行业深耕一段时间后，我发现，持续学习并非这般盲目跟风、浅尝辄止。就像培养孩子一样，你会让他三个月换一个专业、五个星期换一个兴趣班吗？显然不会。我们通常会根据孩子的特长和兴趣，选择1～3个专业对他进行持续深入的培养。可为什么到自己这就什么都不愿放过呢？相对聪明的学习方法，是选一两门自己喜欢的课程，找到一两位值得追随的良师，然后一门心思地深入钻研。

人生中有一件非常重要的事，就是明确自己的成长赛道。一个人越能精准地把握自己的定位与前进方向，就越不容易被外界干扰，就越不会陷入人云亦云、频繁跑偏的困境。要知道，人生最大的浪费往往不是金钱上的挥霍，而是时间和精力上的无端损耗。当我们聚焦于确定的方向持续前行，哪怕步伐缓慢，数年后也有可能成为某个领域的王者。

完善自己，帮助有缘人

成长到这个阶段的人，已经能够熟练地平衡系统与个人、宏

观与微观的关系。他们不仅能够审时度势、顺势而为,还能在力所能及的范围内主动造势、创造机遇。此时,内外世界得以贯通,外在表现为人际关系和谐、事业蓬勃发展、人生渐趋圆满,内在则近乎处于时刻觉醒的状态。

站在山顶的人和立于山下的人相互眺望,彼此都觉得对方遥远且渺小,但人生经历和心力已天差地别。格局的拓宽、财富的积累、事业的高度,不过是这一成长过程中的衍生品罢了。

2021年,作为"自在堂"的创始人,我与先生有幸受邀至央视演播厅,接受朱迅老师的专访。同年,我们登上了国家级领奖台,获得了2020中国品牌榜·教育行业"领导品牌奖"。这两次宝贵的经历,如同给我们的团队和一直陪伴我们的老学员们注入了一剂强心针,让大家更加众志成城。

2021年,也是我个人成长路上的学习和拓展之年。我参加了许多社交和品牌活动,结识了众多来自各行业的杰出创业者。

2022年,在告别自媒体一段时间后,我开始频繁地刷到一个名为"瑶瑶自然流孵化"的短视频账号。在看完了她的所有短视频之后,我满怀诚意地向她提出了合作邀请,并以预付六倍咨询费的方式,在最短的时间内约到了她的一对一咨询。那次咨询结束后的四十八小时内,瑶瑶团队来到了青岛。我们开启了首次拍摄,也由此开启了"人间富贵帆"的时代。

在做自媒体这件事上,我更加看重的是能否通过它表达和分享一些我想要传递的内容。瑶瑶的出现,恰好成全了我的这个念想。我们合作的第八条视频就火爆全网，播放量达到了800多万次。在合作的一年多时间里，我们几乎在零投流的情况下完成了两亿多次播放，粉丝定位也极为精准，大多是与我年纪相仿、三四十岁、一二线城市的女主人或精英女性。

从那时起，我开始时不时地在大街上被人认出。同时，我自然松弛的直播风格也受到了许多朋友的喜爱。随着流量的积累和个人各项能力的不断提升，创办"太太商学院"的念头自然而然地萌生，但我们并没有急于求成。

我一直秉持着一个信念，那就是好东西是急不得的。真正圆满的东西，是遵循自然规律慢慢生长出来的，正如鲜花的绽放、果实的成熟、生命的孕育，都需要一个从种子期到成熟期的过程。相反，那些骤然发生的，往往是灾难，如地震、雪崩、火山喷发和海啸等。

于是我就这样随意地拍着，随意地播着，直到粉丝们调侃我说："帆姐，看来你真是个富婆，这么久都没见你开始变现。"

后来有一天，我和瑶瑶在石家庄拍摄时，她向我提起了"格掌门"这个名字，并对我说："帆姐，我觉得你可以跟格掌门聊一聊，她应该能帮你做好商业规划。"我当时虽然把这个名字记在了心上，但并没有要对方的联系方式。

谁承想，才过了两天，在青岛，另一位做自媒体的朋友对我说："帆姐，我觉得你真该认识一下格掌门，刚好她下周要开课……"

命运接二连三地派人来敲打我的窗，我再听不懂暗示就太迟钝了。于是，我要了格掌门的微信，为团队报了名，组团飞到长沙与格掌门"奔现"。

见面后我才发现，我需要的，她真的都有。交谈间才知晓，她原来早就刷到过我的视频了。那几天的学习让我受益颇多，于是我主动询问格掌门该如何合作，如何实现我的分享价值。

是的，相较于"赚钱"这一单一价值，我自始至终更看重的是多元化的价值实现。例如，助力更多的人让生命变得更美好，扩大我个人和"自在堂"的正向影响力，通过一个新的项目或平台提供更多的就业机会……

我自己确实吃过情绪的苦、关系的苦、心力不足的苦，所以当我用了八年的时间一步一步从泥潭中把自己拔出来后，我真的希望能为那些想过好、当下却过得没那么好的姑娘们搭把手。

2023年夏天，我进入了有生以来最努力的阶段。得益于各方面条件已然成熟，加上我个人情怀和梦想的驱使，"千帆太太商学院"终于成立了。

那段日子里，我和团队伙伴们全身心投入，常常半夜开会，反复核对流程，精心设计项目，全力推进各项工作的进度。整个暑假期间，我们平均每天工作超过十二个小时。即使带孩子们出去旅行，我们也会在他们入睡后一直忙到凌晨一点。这一切，只为了尽可能地把每一件事做好，给信任我们、选择我们的人一个完美的结果。

我希望，十年之后，当我再次回望一路走来的过往时，你也会出现在我的生命里。

 女主力

我衷心地盼望每一个孩子都能在充满温暖与和谐的环境中茁壮成长，每一对伴侣都能相互扶持、携手向前。

我希望每一位选择婚姻的女性，都能因自身心力足够强大、智慧通达而悦己旺家。

当下，女性对自己的要求极高。我们既是家庭的"定海神针"，又是职场的骨干精英；既是子女坚实的后盾，又是父母未来的希望。因此，我们的情绪管理能力、为人处世能力、沟通表达能力及商业思维能力等都显得至关重要。然而，市面上却鲜少有专门为家庭女主人服务的机构来满足她们的需求。

每一个看上去有些成就、能力出众的人，大多经历过一段孤独且漫长、不见光明的夜路。有时候我也会想，为什么我如此想要帮助这些心存光明与善念的伙伴迈向更好的未来？或许是想借此完成自己的一个心愿。

无论此时此刻你在哪里，正经历什么，请一定一定要爱自己。早晚有一天，你会因为对自己的爱而吸引很多人来爱你。这些人也会因为你的影响而爱上他们自己。

为什么我如此坚定地做"千帆"呢？

我曾深陷无边的黑暗之中，在迷茫与困苦中苦苦挣扎。后来，我看见了一缕微光，便坚定地朝它走了很久很久，终于走到了光明里。再后来，我也成了他人眼中熠熠生辉的那束光。

如今，我诚挚地邀请更多愿意成为光源的伙伴，去疗愈、去支持、去成就更多的爱与被爱。

第二章

旺三代的女主人

女主人的影响力

常言道:"好女人,旺三代。"

可鲜少有人提及,什么样的女主人才能够旺三代呢?这样的女主人又是如何成长起来的?

女主人对家庭和家族传承的重要性不言而喻,但究竟什么样的女性才能"旺三代"呢?人们常给这类女性贴上一些较为沉重的标签:忍辱负重、顾全大局、牺牲自我、承担一切……

然而,从更深的层面来说,这样的女性,真的能旺家吗?

事实上,许多想要过好生活而格外付出,最终却未能如愿的女性,往往陷入一个误区:认为只要我努力,只要我付出,只要我天天督促老公、管教孩子,我就是个合格的女主人。

真的是这样吗?当然不是。

一个家族的女主人,她生命状态的好坏关系到自己是否幸福、伴侣是否拥有充电的港湾、孩子的"出厂设置"及童年成长环境的好坏、父母是否可以安享晚年,乃至家族整体环境与氛围的优劣。

女主人和男主人都是一家之主,共同承担着推动家庭发展的重任。从家族传承的角度来看,女性在某些方面往往发挥着更为深远的作用。一个成长滋养型的女主人,往往是家族兴旺的开始;而一个固化的消耗型女主人,则往往是家族衰败的开端。

妈妈的脸色,是孩子天空的颜色。

家族的发展,与家庭核心成员的内在特质和行为模式密切相关。女主人的心性与格局,对整个家族的发展有很大的影响。

 女主力

滋养型女主人的特质

那么,究竟什么样的女性,才是兴家旺族的女主人?

经过多年的观察、思考、实践和总结之后,我们梳理出了传统观念中兴家旺族的女主人理应具备的几项特质。

身体健康　性格豁达

一个兴家旺族的女主人,往往是身心健康、胸怀宽广的。否则,她或许能如林黛玉般成为爱情故事的女主角,却很难成为兴旺之家的女主人。

情绪和身体的关系无须过多强调。一位女性能够拥有豁达的性格,无论是对自己还是对家庭,都是一笔宝贵的财富。

我曾经看过很多"创一代"的专访和自传,他们都提及自己母亲豁达的性格,以及母亲的言传身教对他们的成长所带来的影响。因此,当一些年轻的妈妈来问我"怎样才能做个好妈妈"的时候,我通常会回答:"健康地活得久一点,让孩子多看到你开心的模样。"

此时,对方往往会流露出一种"就这?"的错愕表情。但此刻,

我想邀请读到这里的伙伴们一起来想一想：自己的妈妈此刻在哪里？她是什么样的状态？她这一生快乐吗？

在面对身体虚弱或愁眉苦脸的妈妈时，孩子很难毫无阻碍地去创造自己想要的人生；在妻子持续的不健康或不快乐中，男人很难保持力量与稳定。因此，亲爱的，让自己健康一点、豁达一些，真的非常重要。

在过去近十年的时间里，我接触过一些年幼时母亲因病离世的人。他们有的人在失去母亲之后，对整个世界的信任和安全感往往会全面崩塌，而这种创伤可能需要他们花费一生的时间才能够抚平。

2023年3月，我在北京的一场线下学习活动中认识了一个"00后"女孩，名叫嘉伊。她性格开朗，表达得体，商业能力非常突出。当时，我觉得她的社交能力强，情商也高，很快我们成了忘年交。但是，随着我们的接触日益加深，我发现这个姑娘，看似很容易"走近"，却很难真正"走进"。她看似拥有好人缘，内心却藏着几分提防，同时又隐隐流露出想要靠近我的渴望。

出于多年的职业敏感，我暗暗对她多了几分留意。此后，我们断断续续地保持着联系。一年后，我在北京举办的关系科学闭门会上，她再次来到现场学习。在了解了原生家庭对每个人的影响之后，第二天上午的课堂上，嘉伊鼓起勇气，与我们分享了她的故事。

嘉伊读中学时，母亲因病去世，而原本与母亲非常相爱的父

 女主力

亲,没过多久便再婚了。短短两年的时间,嘉伊接连经历了失去母亲和家庭破碎的双重打击,整个人陷入了深深的绝望,进入了四处寻觅新的归属感和安全感的迷茫期。

在16岁到23岁这七年时间里,嘉伊不断地努力创业。是的,失去母亲庇护的她,从高中二年级开始就进入了微商行业,并且年纪轻轻就凭借自己的努力赚取了人生第一桶金。这段看上去非常励志的经历背后,潜藏着一颗不安又惶恐、稚嫩又迷茫的心。

有了一定的经济能力之后,嘉伊开始找寻那个能带给她安全感的伴侣。然而,年轻漂亮又能干的她,却总是被年龄比她大很多的男性吸引,并在情感中屡遭伤害。了解她成长背景的人都明白,她内心深处真正渴望的并不是寻找一个人生伴侣,而是试图寻回她心底那个"完美的父亲"。而这一切失序的根源,是她母亲因病离世。

就在本书创作期间,嘉伊在我们的成长社群中分享了一段很长的文字。这是她跟随我学习两年后总结的心得体会。看到她的成长与蜕变,我由衷地为她感到开心和骄傲。

流动性强　随遇而安

许多特别努力的女性之所以活得很辛苦,往往是因为她们并没有充分立足于自身的"女性特质"去发力,反而一味要求自己去拼搏,展现出足够多的"阳性特质",误以为那才是力量的体现。

但这种做法,真的正确吗?对,也不对。其实不论男女,每个人的生命构成都是一半源自男性特质,另一半源自女性特质。

因此，作为女性，我们展现出如水一般的女性力量特质，可以让我们在人际关系和事业中更加游刃有余。

从古至今，当人们试图描述女性的美好特质时，总会提及"女人如水"这样的比喻。老子在其著作《道德经》中，以水喻人，给予了"水"极高的评价：

"水善利万物而不争，处众人之所恶，故几于道。居，善地；心，善渊；与，善仁；言，善信；政，善治；事，善能；动，善时。夫唯不争，故无尤。"

一个兴家旺族的女主人，往往具备如水一般的特质：无论处于何种境遇，她都能如流水般保持灵活与变通，滋养着与她相关的每一个人、每一件事；同时，她还能根据环境的变化随时调整状态，展现出不同的面貌，从容地应对各种情况。此外，她往往还拥有出色的财富管理能力和人际交往能力。

【"一伙儿"锦囊】

很多时候，我们越是深爱一个人，就越容易把大量的关注倾注在对方身上，常常以"我是为你好"或者"你这样不对"为出发点，试图改变对方。

结果呢？对方不乐意，我们不开心，彼此关系不融洽，进而引发更多的问题。渐渐地，我们就会觉得，在这段关系里有很多的消耗和拉扯，彼此也逐渐走向对立。

 女主力

那么,如何快速且有效地改变一个人呢?答案其实很简单:尽可能与对方成为"一伙儿"。然而,真正做起来并不容易,因为这必须以实现相关方的共赢为目标,不能以任何一方的委屈、退让、牺牲为代价。而要具备这样的能力,本身就需要长时间的积累和沉淀。

今天,我想分享几组话术作为对比,让大家直观地感受其中的差异。

【一】

A. 你这样不对,你应该那样。

B. 咱俩对这事儿的看法还真不一样。原来你是这么想的,我也跟你说说我的想法,咱们再一起琢磨一下吧。

【二】

A. 你这个骗子,为什么不跟我说实话?

B. 对我有所隐瞒的时候,你心里一定也不舒服吧?

【三】

A. 我都是为你好。

B. 这件事的完成对咱们都好,我们一起加油。

所有的指责与评判,出发点都局限于"我",而所有的和谐与包容都蕴含着"我们"。在此,祝福读到这里的每一位朋友,在所有的关系中,都能拥有滋养他人、实现共赢的能力。

水,以其柔和且不争不抢的姿态流淌于天地间,看似柔弱,却能以柔克刚、润泽万物,展现出独特而强大的力量。这种力量

源于其内在的坚韧与包容。于女性而言，亦是如此。一个被命运温柔以待、"命好"的女性，定然有如水般的特质，拥有滋养他人的温暖力量和稳定的情绪。反之，一个人的情绪越急躁，人生就越辛苦。

承载万物　为人厚道

能让家族兴旺的女主人，不仅如水般滋养万物，也如大地般包容承载。我们常说"男人如山"，而女人便是承载这座山的广袤大地。如果一个家庭的女主人同时具备水与大地的特质，整个家庭便会沉浸在一种被充分支持且足够稳定的氛围中。

我们自身的担心和恐惧，常常会成为我们施加给他人不良体验的根源。

一个非常渴望归属感、担心不被接纳的人，外在的表现往往是不稳定、这山望着那山高。一个内心缺乏安全感的人，容易给人一种善变、不可靠的印象。

所以，请跳出来审视你内心的恐惧。换个角度来看，一个勇敢且能够自洽的人，往往是可靠且圆熟的，因为他的底牌任何时候都是敢于承担和直面一切的责任感，以及对自我的信任与支持。

有趣的是，那些总觉得别人不靠谱的人，自己往往也不那么靠谱。因为真正靠谱的人，能以自身言行影响他人，让周围的人或多或少地变得靠谱。

 女主力

智慧从容　评判极少

一个有智慧的家庭女主人，往往对婚姻有着极为清晰的认知。她明白婚姻不仅是避风港，也可能是积雨云，因为经营一个家庭远远比单身生活复杂得多。许多已婚多年的女士有这样一个共识：原本以为结婚便能有个遮风挡雨的地方，结果却发现人生的大部分风雨与婚后的生活息息相关。

作为一个旺家的女主人，她会清晰地意识到伴侣的重要性，会把对方放在比孩子和父母更重要的位置上。同时，她也清楚地明白，自己才是伴侣关系及其他关系中的主角。每当遭遇不顺时，她会首先明确自己的目标，调整自己的状态，然后再与相关人员进行沟通。

能够为家族注入力量的女主人，往往是懂得善待自己、发挥自身优势的人。一个无法好好做自己的人，不可能成为一个好太太、好妈妈。

然而，当一个女性能够同时做到以上四点，她就一定能拥有幸福吗？很遗憾，答案是否定的。我们此前所探讨的种种，有一个关键的前提：这个家族有一个创造力强、富有责任感的男主人。

在过往众多的事实与教训中，我们越来越确定的是，在当下这个多变且男性的事业优势不再像以前那么明显的情况下，一个貌美如花、相夫教子、上得厅堂、下得厨房的全职太太，已成为"高危职业"。

那么，姐妹们，我们该怎么办呢？

别着急，对于一位能把家持好、把孩子带好的女性来说，这

世上真的没有比这更难应对的事了。前提是我们要找对思路,用对方法。

亲爱的读者朋友,此刻不妨问问自己:"我究竟想要什么?"

有首歌里唱道:"我们不能,什么都想要。"真正的"贪心"从来不是什么都想要,而是什么都没有、什么都不做、什么都不改变,却妄图得到自己想要的一切。

我是个想要很多的人。我想要健康的身心、越来越好的自己、幸福和谐的家庭、持续扩大并有正向影响力的事业、舒适的物质生活、互助共赢的友情与合作,以及给予他人更多的滋养和贡献。为了以上种种,我付出了很多努力,也经历了多次失败与反思,如今的我在多方面都取得了不错的成绩。

如果你也希望通过自我改变,让自己和所爱之人变得更好,那么,愿我们都能为自己的人生目标倾注我们所有的热情,不断地努力,持续地成长。这真的是一种很棒的人生体验!

这里有几个关于人生的极简公式与你分享:

我想要的 = 我拥有的 + 我能做的 + 我需要努力和提升的

稳定的情绪 + 清晰的头脑 = 在线的安全感

我的价值 = 我能撬动这个世界的资源与善意

脚踏实地,逐步变好,日积月累,终可创造奇迹。

 女主力

来自嘉伊的分享:

我叫嘉伊,今年24岁,是一个21岁便年入百万、喜欢哪里就到那座城市的中心地段租房体验生活的女孩。

2023年11月16日,我加入了"千帆"这个大家庭。至今,我手机相册里的第一张照片还是千帆太太商学院的海报。

那时,经朋友介绍,我认识了一个长我几岁且"爹感"很足的男友。参加"千帆"闭门会之后我才明白,原来,我一直在恋爱中寻找"父爱"。明明父亲就在身边,我却还要在外面寻找父爱。究其根源,还要从我年少时的经历说起。

16岁那年,妈妈突然离世。仅仅过了一年多,爸爸就另娶他人。在家人、亲戚的只言片语中,我误以为家庭已经破碎,自己成了一个无家可归的孩子。从原本拥有温暖和睦的家庭到瞬间失去一切,我感到深深的麻木与空虚。那时的我慌乱无措,缺乏独立思考的能力,总是被外在的各种声音影响:姑姑说"有了后妈就有后爸,枕边风一吹就变了",奶奶说"你不能出国留学,这都是你爸和你妈的财产,你妈没享受到,没福气先走了,除了给你和你哥,可不能给别人"……就这短短几句话,让我走了好几年的弯路。当时的我但凡有现在的脑子,一句都不会理,还会顺便回一句:"管好自己,不用操心我。你好我就好。"

那时的我,由于缺乏成长体系的引导和支持,逐渐积累了很多片面的看法。最终,我将这些情绪一股脑儿都发泄在了后妈身上。不仅如此,我还时常挑衅她,跟我爸说话也总是夹枪带棒的。

第二章 旺三代的女主人

可谁都没想到，我后妈是一个三观正、孝顺、原生家庭幸福且简单的人。她嫁给我爸后，不仅学会了做饭，还悉心照顾病床上的奶奶，陪她聊天。在农村，她逐渐适应了烧煤、整炉子、喂狗喂羊的生活。她很支持我爸的决定，将我爸照顾得很好，两人关系和睦。

爸爸再婚后，很长一段时间我觉得很孤独，觉得虽有房子但没有家。后妈一直默默地守护和陪伴着我。现在，我会好好地和后妈相处，同时学习经营关系的智慧。回望过去，我感激每一个遇见的人，也感谢那个曾经"不懂事"的自己，让我有机会成长和改变。

在跟帆姐学习之前，我和哥哥一直认为爸爸是博爱的。这个想法至少在我心里存在了八年之久。我曾以为他可以轻易地爱上很多人，谁都可以轻易地取代妈妈的位置。但在学习和参与个案分析后，我发现事实并非如此。

事实上，爸爸非常爱妈妈，他们之间的感情很深。妈妈的离去让爸爸承受着巨大的痛苦，但为了照顾好我和哥哥，守护我们这个家，他不得不振作起来。或许他能力有限，确实需要另一半的照顾。于是，后妈进了家门，这其实也是我们的福气。

但在那八年里，我是不相信爱的。我总觉得，既然妈妈能这么轻易地被取代，那她的存在又有多重要呢？其实，我对这件事的解读早已偏离了事实。

在妈妈离世的第三年，爷爷也离开了我们。这下，我心中那

颗不相信爱的种子开始生根发芽，从"爱不可靠"变成了"爱我的人都会离开我"。那时，我对爸爸的感情十分复杂，既怨恨他那么快就有了新人，又很心疼他的遭遇。

从那时起，我越发想照顾爸爸和哥哥了。我暗自下定决心，要成为家里可以依靠的一棵大树。我开始变得心思敏感，也慢慢尝试去理解爸爸。现在回想起来，当时对他的理解还是浅了些，毕竟那时年纪还小。

我想做家里的第一棵大树的想法，源于姑姑那句话："你要替你妈照顾好爸爸和哥哥，你是家里唯一的女人。"

那之后的几年，我背负着根本无法承受的重担，为此付出了惨痛的代价。其实，我原本只需乖巧听话就好。后来，我才渐渐懂得了序位的重要性。

当时，由于过度承担责任，我变得叛逆起来：表面上听话，实际上却反着来，坚持自己的主见，坚信自己是正确的。我以为可以通过自己的方式照顾他们，但结果总是事与愿违。

我是家里最小的孩子，本应该是最受宠爱的那个，但我常常"不在位"。这种错位的相处模式，导致我不仅没有做好自己该做的事，还做了许多不该做的事。

那时，我对生命的起始与终结缺乏理解，更谈不上对命运的选择和对人生剧本的把握。后来谈恋爱时，代价真的来了。在热恋期间，我总是抱着"没人会爱我，没人会一直爱我，反正最后都会离开，就这样吧"的心态，通过"作"来一次次验证自己是否重要、对方是否爱我。

直到不懂事的行为足够多,伤对方的心足够深,令对方惊讶的次数足够频繁,把对方所有的耐心消耗殆尽之后,我脑子里只剩下"你看,他就是不够爱我"的结论。

最终,我亲手毁掉了一段如果我好好做自己、稍微用心经营就可以走向幸福的感情。

庆幸的是,后来我遇到了帆姐,加入了"千帆"这个大家庭。在大家的陪伴下,我成长迅速,突破了许多卡点,发现并解决了诸多问题。在成长的路上,我逐渐意识到,自己才是打开世界大门的钥匙。

只有自己变好了,其他的才会随之变好。

许多姐姐曾对我说:"嘉伊,你真有福气,能这么早进入这个体系,学习这门知识。"可我一直不敢承认,直到最近我才恍然大悟,原来我不想承认的,是我原本拥有的那些美好、身边环绕的那些美好,以及一路走来遇见的那些美好。我一味地赖在自己构建的"地狱"里,不愿向好的方向前行。

此刻,我想邀请大家,一起到美好的地方去,在属于自己的天地里扎根生长,大方地展露光芒,不必畏缩在角落里暗自绽放。让我们一同审视内心、洞察自我,携手奔赴更好的未来。勇敢地活出精彩,果断地做出更好的选择,不再让自己局限于平庸或是困在熟悉的"地狱"中。要知道,我们本就拥有无限向好的可能。

勇敢地和过去说"不",迎接新生吧!

 **女主力**

如今的我,自在洒脱,尽情地拥抱美好的生活。我不再为自己设限,慢慢变得不再敏感、不再狭隘、不再吝啬,在自己舒服的天地里,绽放出一片绚烂的花海。

感谢帆姐,感谢"千帆"这个大家庭。

嘉伊

第三章

系统动力与人生黄金三角

 女主力

系统的概念及特征

当代手握"大女主"剧本的女性,其实都在有意无意间为自己搭建起了人生的"黄金三角"。这个黄金三角分别对应着人生中非常重要的三个系统:

人际关系系统:决定一个人幸福与否;
事业财富系统:决定一个人成功与否;
身心平衡系统:决定一个人强大与否。

在后续的章节中,我们将深入探讨如何让自己在人际关系中收获幸福,在事业上取得成功,并成长为一个身心强大的女性。

在展开讨论之前,我们需要先弄清楚什么是系统,以及系统是如何运作的。可以这么说,一个人对"系统之力"的理解越深刻,对事物的判断就会越准确,也就越能够在种种复杂且动态的平衡中,做出兼顾相关方利益的正确选择。

什么是系统?

这个世界是由无数个系统组成的。从宏观上讲,有气象系统、海洋系统、热带雨林系统等自然系统,以及国家、城市等社会系统;从微观上讲,人体本身就是系统的集合,如呼吸系统、循环系统、免疫系统等。同时,人与人之间的每种关系,也可以说是一个系统。

系统是指两个或两个以上相同或不同的个体,为了共同的目标和意义聚合在一起,协同运作。每个系统内部都有无数个更小的子系统在运作,同时每个系统又运作于无数个更大的系统中。所有的系统都遵循同一套运行规律和法则,这些规律和法则被称为"系统动力"。

系统具有哪些特征呢?

第一个特征是系统中的各个子系统之间是相互关联的。例如,在一个家族系统中,虽然每个成员看似是独立的个体,但他们通过血缘关系紧密相连。

第二个特征是各个子系统之间具有相似性。在大系统的各个子系统中,我们总能找到一些相似的特征。例如,我们大多拥有黑眼睛、黑头发、黄皮肤,同一篮球队的队员会穿同样的队服……

第三个特征是目标一致性。只有目标一致的子系统聚合在一起,才能构成一个完整的大系统。例如,足球运动员在赛场上的目标是赢得比赛,而我们学习是为了提升某一方面的认知和能力。系统的存续依赖于相关方有一个共同的目标,当这个目标不再存在时，这个系统也会随之解散。换句话说，我们如果想要完成一个目标，就要借助一个能够完成这个目标的系统。

第四个特征是同属范围更大。每一个看似完整的系统，其实都属于一个更大的系统，而每一个更大的系统又包含着更多的小系统。例如，一个城市通常被分为几个区，这几个区共同组成了这个城市，而这个城市与其他城市又共同组成了一个省。因此，对于一个城市来说，各个区是它的子系统，而它所在的省份就是它的更大的系统。在这里，我们必须强调的是，小系统只有配合大系统的运作，大系统才能够更好地支持和赋能小系统。

系统的运行法则

除了上一节提及的四个特征之外,系统在运作的过程中还遵循五个法则。

系统的第一个运行法则是序位。"序"指的是排列顺序,"位"指的是特定位置。序位法则说的是在每个系统中,它的子系统需要以一定的时空规律来排列自己的位置。序位可以说是构建系统性思维的"第一粒纽扣",一旦扣错,后续将偏离正轨。这也是我们经常强调"序位不对,努力白费"的原因。在家族系统中,我们常说"长幼有序";在人际关系中,也有"先来后到"的说法。这些其实都是序位的运用和体现。在日常生活中,如果原本井然有序的队伍突然被人插队,就会引发这个系统中其他人的不满和愤怒,同时也会造造成系统混乱。例如,一块精密的手表,只要有一个齿轮发生故障或者偏离自己的位置,就会影响其他齿轮的正常运转,导致整块手表无法正常工作。因此,任何一个运转良好的系统,其内部的子系统必定是有序且在位的(在其应在的位置上)。

经常有人问我:"怎样才能做到同时支持很多人而不让自己感

到疲惫？"我的回答是，不要试图证明自己能解决对方的问题，也不要因为自己暂时的能力优势而觉得高人一等。相反，我们应该肯定对方、理解对方，遵循对方的节奏，直到对方内心自然觉醒。

不要贸然揽下别人的问题和责任。我们可以暂时充当他们的"拐杖"，甚至偶尔成为他们的"轮椅"，但千万不要让自己变成他们的"假肢"。每个人都要为自己的人生选择负责并承担相应的后果，如果我们替他人扛起了责任，其实也是剥夺了他人的成长机会。

那些能够被我们支持的人，其实都是主动选择被支持的。并非我们做了什么了不起的事情，而是被选择和被信任本身就是一种强大的改变力量。只有支持者和被支持者都在各自的位置上，才能更好地协作共赢，一起变好。

系统的第二个运行法则是完整。系统中的每一个部分都需要被看见，一旦某个子系统被排除在外，系统就会进入自愈与修复的过程，其他子系统会试图替代或补充这个被排除在外的子系统的功能。然而，被挪到新位置的子系统，却无法在这个新位置上正常运作。这就像在金钱关系中常见的"拆东墙补西墙"的现象。当一个系统不再完整时，它便会逐渐走向崩溃。

常言道："千里之堤，溃于蚁穴。"这八个字深刻地揭示了维护系统完整性的必要性。一个运行良好的系统，往往是完整且环环相扣的。当系统中的某个环节缺失时，系统就会出现运行不畅的情况。

在我们的人生中，如果有很多遗憾或未完成的事，人生系统也是不完整的。因此，该面对的面对，该闭环的闭环，这是人生中重要的查漏补缺工作。一个系统启动之前，自检和补漏工作是很重要的。

特别需要提醒的是，许多当下过得并不如意的女性朋友，往往是考虑了其他人的立场和得失，却独独忽略了自己。请记得，在你人生的每一个系统中，你都是最重要的组成部分。

系统的第三个运行法则是平衡。所有的系统始终处于动态平衡之中。当系统开始失衡时，就意味着这个系统需要付出代价。例如，当一个人内心的正义感与罪恶感开始失衡，内在滋生出不良情绪时，生命中那些美好的存在就会被调动起来，用于平衡这些失衡的部分。我们常说，一个人生命系统的破坏往往是从金钱开始的。当金钱无法平衡这种破坏力时，就会开始破坏关系，进而破坏身体健康，甚至破坏他的生命力。

求助不白要，助人不白给。白要失贵人，白给失效果。

真正的关系只有两种：要么是你好我也好，要么是你不好我也不好。

那些我们曾经试图以牺牲、退让、委屈为代价来成全的人和事，真的成功了吗？如果有人以自我伤害的方式来支持我们，我们是否真的能够坦然接受？

所以，如果真的是为谁好，一定不是"我为了你好，省吃俭用""我为了你好，忍辱负重""我为了你好，咬牙坚持"……试想一下，我们如果是那个"被付出"的对象，压力该有多大！

女主力

从此刻开始,让我们一起把生命中的关系,尽可能地经营成"为了你好,我也要好"的模式,同时终止那些相互折磨、彼此消耗的行为吧。

系统的第四个运行法则是事实。系统的运转不以个人的意志为转移,而是以实际发生的事实为准绳。在分享的过程当中,我们常常会提醒大家:要注意区分自己的评判、感受及事实,事实是非常有力量的。

很多时候,我们会刻意地表现得好一点,只因担心别人不喜欢真实的自己。可与此同时,我们又对他人不加掩饰的真实模样充满欣赏。其实,那个刻意表现的自己,同样是真实自我的一部分。有些人觉得自己在扮演一个"假我",但那也是真实状态的一个侧面。素颜是真实的一面,淡妆也是真实的一面,无论是原相机照片还是艺术照,这些都是真实自我的不同呈现方式。

正所谓"真亦假来假亦真,无为有处有还无"。

我曾以为这个世界上有绝对的事实和真相,但或许在更高的维度上,这个世界的一切都是真相,都是事实,都是系统规律的运作。真假同源,对错同体,四海八荒终究归于一处。

系统的第五个运行法则是流动。系统中的各个子系统之间,以及子系统和主系统之间,都存在流动,有流动才有关联。在人际系统中,最常见的流动一是情感与情绪,二是金钱与物质。因此,当两个人之间的情感越浓烈、金钱往来越频繁的时候,这两个人之间的关系就会更加紧密且复杂。在企业系统中,总部和各部门的协作需

要通过文件和会议来协同,同级部门之间也需要及时沟通;在家庭系统中,伴侣之间、父母与子女之间,也会有很多情感交流与金钱流动。如果相互之间长时间不交流,久而久之,关系便会疏离,系统就会瓦解。

一定要注意系统的流动性,长时间不流动,等于关系不再。

为什么我们要在一本讲述女性成长与觉醒的书里面,专门花费如此多的篇幅来讨论系统呢?正如前文所提及的,人际关系系统决定我们是否幸福,事业财富系统决定我们是否成功,身心平衡系统决定我们是否强大。人生的成长往往与我们能够理解、运用及创造多大的系统的能力息息相关,这种能力让我们有机会实现多方共赢。

当然,想要完成什么样的目标,就需要构建相应的系统。

第四章

构成人生的八大关系

人生的八大关系

我们都渴望自己活得幸福且成功，但与此同时，我们也面临着一个困惑：究竟什么才是幸福？有的人觉得事业成功是幸福，有的人觉得家庭和睦是幸福，还有的人觉得自由自在是幸福。经过多年的研究和学习，我们发现，幸福其实是一个人生命的各个方面都相对良好的状态。

例如，我们说一个人身体健康，不会单独说"这个人的心脏很好"或者"这个人的右胳膊很健全"，而是指这个人身体的各部位都是健全且功能良好的。如果一个人身体的某个部位产生病痛，哪怕其他身体器官状态再好，这个人也谈不上健康。幸福也是如此，是由不同的部分共同构成的综合体。对大多数人来说，人生由八种缺一不可的关系组成，分别是父母关系、伴侣关系、亲子关系、事业关系、金钱关系、健康关系、社交关系、自我关系。

如果这八大关系中有任何一个关系不圆满，我们的人生就会产生消耗和拉扯感。

第四章　构成人生的八大关系

关系自检

父母关系自检

1. 我与父亲的关系非常好；

2. 我与母亲的关系非常好；

3. 我父母的关系非常好；

4. 我自小是和父母一起长大的；

5. 我的父母身体健康；

6. 我父母的情绪是稳定且包容的；

7. 我得到了父母非常多的赞美和支持；

8. 当我想起父母时，对他们充满尊重和认同；

9. 我的父母为我提供了优越的物质条件；

10. 我能感受到父母无条件的爱。

伴侣关系自检

1. 我目前有相对宽裕的经济条件；

2. 我有一段长期且稳定的伴侣关系;

3. 我与伴侣在一起相处时非常放松且真实;

4. 我的伴侣是一个有责任感的人;

5. 我们有共同的目标,并且愿意为之共同努力;

6. 我与伴侣有一个美好的开始;

7. 我们能够接受并尊重对方的父母、亲友和事业;

8. 我与伴侣曾共同面对过一些困难,并彼此支持;

9. 现在的家庭环境让我感到被滋养;

10. 我与伴侣能够做到彼此尊重,并把对方放到比父母、子女更亲近的位置上。

亲子关系自检

1. 我的童年是比较幸福的;

2. 我有一个或多个孩子;

3. 我的孩子身体非常健康;

4. 我对我的孩子充满了欣赏;

5. 我能发现孩子身上独特的闪光点并给予正面鼓励;

6. 我在面对孩子时情绪非常平和;

7. 我不会将无关的情绪发泄在孩子身上;

8. 我为孩子提供了充分的安全感；

9. 我的孩子非常信任我；

10. 我为孩子创造了很好的经济条件和教育条件。

事业关系自检

1. 我非常清楚自己的事业及它所创造的价值；

2. 我喜欢我的事业，它令我感到快乐；

3. 相比其他事情，我更擅长做我现在做的事；

4. 我与我的事业合作伙伴相处得很愉快；

5. 我的事业为我带来了丰厚的金钱回报或其他价值；

6. 我的事业具有积极的社会影响力；

7. 我从事当前这份事业已经有三年以上；

8. 我的事业能让我成为更好的自己；

9. 我的事业可以为我的人生增值；

10. 我的事业为我带来了额外的光环效应。

金钱关系自检

1. 我喜欢金钱，也愿意向任何人承认这一点；

2. 每当我获得金钱，是因为我创造了价值或得到了爱；

3. 每当我付出金钱，就会换回更高的价值；

女主力

4. 我愿意给自己花钱，能够在消费时做到延迟满足；

5. 没有人借我的钱不还；

6. 我没有欠钱不还；

7. 我有五条以上的金钱流入管道；

8. 我明显感觉这些年我越来越富足；

9. 我在接受和付出金钱方面没什么卡点；

10. 我能充分尊重并接受我妈妈的人生。

健康关系自检

1. 我的身体状况良好；

2. 我不会感到莫名其妙的疲惫；

3. 我的睡眠很充足；

4. 我的饮食规律且科学；

5. 我的情绪非常稳定；

6. 我没有过胖或过瘦；

7. 我的家族没有重大遗传病史；

8. 我有定期运动的习惯；

9. 我有一项以上有助于身心健康的爱好；

10. 我经常感到莫名地开心。

社交关系自检

1. 我是愿意跟人打交道的；

2. 我生命中有很多贵人；

3. 我能够为他人带来价值；

4. 我的微信上有 1000 个以上的好友；

5. 有人说过见到我会感到开心或者踏实；

6. 我有十个以上认识超过十年的好朋友或合作伙伴；

7. 我没有欠钱不还、做事不闭环的习惯；

8. 我是一个信守承诺、及时闭环的人；

9. 我是一个相对迟钝、不太在意别人是非的人；

10. 我每年都能交到很多新朋友。

自我关系自检

1. 我能够清晰地认识自己；

2. 我完全接纳自己当下的一切；

3. 我能为自己所做的选择负起最终的责任；

4. 我能迅速做出决策；

5. 我在持续做对自己好的事情；

6. 我人生的各个系统都比较支持我；

7. 现在的我比三年前有了很大的进步；

8. 我的人生有很多助力；

9. 我不评判和限制自己；

10. 我认为自己是幸福且成功的。

关系	父母	伴侣	亲子	事业	金钱	健康	社交	自我
得分								

评分标准：回答"是"得1分，回答"否"得0分。单项得分8分及以上为优秀，6~7分为良好，0~5分则需改善。

第五章

转逆为顺的序位感

 女主力

序位不对,努力白费

很多人都有这样的委屈:为什么我做了那么多,却没有过上想要的生活?

无论是一个家族,还是任何一种形态的组织系统,若要兴旺发展,其中一个非常重要的前提是每个人都要在自己的位置上做好自己该做的事情,不能出现角色与位置的混乱。因此,我们必须重视序位感。

序位感,指的是在任何关系中,明确自身位置、角色、责任,并划定清晰边界的能力。在课程分享的过程中,我们常向学员强调"长幼有序,万物有归"。同时,我们也会指出,一个人的序位如果是不对的,往往会出现越努力越白费力气的情况。

常见的失序有三种情况。第一种情况是"以小充大"。例如,一个人明明处于晚辈或下属的位置,却试图"向上管理"他的长辈或领导。

"我爸妈太不让我省心了。"

"老板又在作什么妖?"

第五章 转逆为顺的序位感

"王总,我觉得你这件事儿做得不太对。"

第二种情况是"以大充小",就是明明一个人处于一个比较高的位置,但在言行上表现出逃避和回避责任的态度。

父母对未成年孩子说:"爸爸妈妈也没有钱,你要自己想办法。"
妈妈对孩子说:"你爸爸出轨了,我该怎么办?"
老板向员工诉苦。

第三种情况是立场混淆,即分不清自己跟谁是一伙的,这也就是我们经常调侃的"场子被自己人砸了"。在这里特别提醒大家,我们在说话前一定要想明白这一点:我们说这句话的立场是什么,目的是什么,跟谁有关,以及说出这句话后是有利于我们的共同目标,还是毫无帮助。

接下来,我们一起来了解一下,失序的人往往会面临怎样的人生境遇。

第一种,怀才不遇。一个没有序位感的人,如果经常表现出"充大个"的行为,往往会为了"充大个"而令自己比较有能力。然而,他由于常常冒犯位置比他更高的人,因此很难得到重用,能力也无法充分展现。实际上,这个世间并没有真正怀才不遇的人,只有那些未找准自己的位置、空有一身能力却无处发挥的人。这样的人往往会陷入入不敷出、遭受排挤的窘境。

第二种,习惯性焦虑。失序的人也常常为别人的事情感到担

 女主力

忧,时常让自己处于无能为力的状态,还常做出一些出力不讨好、好心办坏事的并不聪明的行为。

第三种,难遇贵人。当一个人认不清自己的位置时,很难得到贵人的支持与帮助。很多时候,他甚至会有一种被利用的感觉。贵人即便最初对他抛出橄榄枝,表现出想重用他的意愿,但长久相处下来,也会发现他并没有在自己的位置上,要么偏"大",要么偏"小",这就使他失去了本该属于他的机会。

第四种,扶不上墙。这种情况通常发生在失序并且让自己的位置偏小的人身上。例如,一个人明明已经是成年人了,但是心智还停留在孩童阶段。这种人往往难以承担自身责任,面对问题的时候,只会选择逃避,无力应对。

第五种,无法建立长期关系。有的人在关系中,要么越位或冒犯,要么回避责任,导致关系经常处着处着就散了,别人跟他走着走着就累了。

第六种,无法做自己。失序的本义就是没有站在自己的位置上。失序的人往往会有一种迷茫感或无力感,因为他们常常感觉什么都不是自己想要的,同时又不知道自己到底想要什么。

第七种,莫名的冲突感。因为没有办法在自己的位置上做自己,所以失序的人的内在往往是冲突且矛盾的。在他们的人生中,这种冲突和矛盾表现为外部有竞争、内在有消耗,他们常常得罪人而不自知,还动不动就被他们眼里的"自己人"拆台。

失序是如何形成的呢?这里可以分为几种不同的情况。

第一种情况:小时候经常需要在爸爸和妈妈之间做出选择和

站队的孩子，其位置容易偏大，往往会倾向于站在自以为弱势的一方，和这一方共同对抗强势的一方。久而久之，如果这个孩子对父母失去了敬畏感，他在未来就容易表现出"充大个"的行为，承担一些本不该由他来承担的责任，如电视剧中经常吐槽的"扶弟魔"。

第二种情况：在家族序位中位置偏小的人，由于从小被保护得太好，或者是成长于极其强势的养育环境下，抚养人不让他做任何决定，久而久之他就养成了不负责任的习惯，凡事都由他人来扛，而自己只想也只能扮演一个弱势的角色。成年之后，他也会沿用这种模式与人相处，最终变成"妈宝男"。

此外，还有一些更加隐秘和复杂的情况。由于每个家族发生的失衡事件不同，可能会出现家族后来的成员被动填补其他成员位置的情况。在这里我们暂不对此做过多讨论，而是直接探讨如何避免在自己的位置上付出失序的代价。

序位感的两大应用场景

家族中的序位感

人际关系当中用到序位感的场景主要有两个,就是家族和事业,而这两个场景其实也有相似之处。家族关系中的序位,我们分为向上、平级和向下三种关系。

向上的关系,顾名思义,就是当我们在面对位置比我们"大"的家人时,该以一种什么样的状态与对方相处。什么叫位置比我们"大"呢?首先是辈分比我们大,如父母、祖父母、外祖父母,以及所有比我们先出生在家族中的长辈;其次是年龄比我们大很多的哥哥姐姐。平级关系,往往指的是伴侣、年龄相仿的兄弟姐妹之间的关系。向下的关系,则主要是指与孩子的关系。

在这三种不同的关系当中,我们只要记住每种关系各自对应的关键词就好了。例如,在与长辈相处的时候,我们只要记住两个词——尊重和接受。尊重对方的位置,接受他们的命运。在过去十多年关系科学分享生涯当中,我见过很多人想要越位去改变或改善自己父母的生命状态,大多以失败告终。

我们其实可以换位思考一下:当我们的孩子长大之后,如果他们试图干涉和管理我们，我们会感到舒服吗？因此，不论父母做了什么样的命运选择，经历了怎样的人生，只要他们是我们的父母，在序位法则的运作下，我们最好的态度就是尊重和接受。同时，作为家族中的晚辈，让自己"青出于蓝而胜于蓝"是一种较好的孝顺方式。

在家族中的平级关系里，我们要遵循的两个关键词是合作与共赢。夫妻之间需要定期设立共同目标，在婚姻当中的两个人，如果没有共同目标，是非常容易把日子过散的。平级关系只有基于共同目标去合作，并且不断取得共赢，才能够把关系经营得越来越好。

对于向下这种以子女为代表的关系，两个关键词是守护和支持。尤其是对于年幼且尚未独立的孩子来说，父母就是他们的天地。如果孩子能够在父母那里感受到自己被安全地守护，并且得到无条件的支持，那么他们的价值感和归属感就会自然而然地增强。这样的孩子将来无论走到哪里，都会比那些没有得到这种无条件守护与支持的孩子更加有底气。

事业中的序位感

我们在前文提到，当一位女性能够把家庭经营好的时候，她在事业上的表现一定不会太差。这是为什么呢？因为家族人际关系系统和事业人际关系系统有非常强的相似之处。例如，在工作中，我们面对领导时的态度与我们在家族中面对长辈时非常相似。我们要尊重对方的位置，服从对方的安排，哪怕我们跟对方的意

见暂时不一致,也要在自己的位置上表现出对对方的尊重,以及在工作态度上予以配合,然后再组织好措辞,做出正确的表达。

在工作中,我们也会遇到与合伙人、同事相处的场景。这就如同我们在家族中与伴侣、兄弟姐妹相处一般,一定要有一个共同的目标。当同级的人有了更高远的共同目标时,彼此就能够更加协作且友好地共事。

作为领导,管理下属要做到的是合理地分配工作任务,明确"责权利"的归属,同时给出清晰的指令。事业系统中的人际关系相对家族系统而言更复杂一些,还涉及客户关系和同行(或竞争)关系。

在与客户的相处中,我们要做到的是共赢,既要让客户觉得在我们这里花钱值得,又要确保我们能够赚取合理的利润。

在与同行的相处中,我们要做到的是创造性地超越,与同行建立良好的关系,学习同行的长处,共同推动整个行业的发展。

最后,我想跟大家分享一个"在位表达"技巧。在大多数场合下,只要在表达前做到以下五点,一般就可以在自己的位置上说好每一句话。

第一点:我身处什么场合?此刻的位置是什么?适合说多久?

第二点:谁在听我说?

第三点:我与听众的关系是什么?

第四点:此次表达的目的是什么?

第五点:什么样的表达风格、措辞和状态更适用于以上四点?

第六章

婚姻——人世间最复杂的关系

 女主力

兴家旺族的男主人特质

我想,无论对于男性还是女性而言,婚姻关系都是值得我们用一个章节来专门探讨的主题。

此前,我们系统地介绍了兴家旺族的女主人的特征,那么,一个能让家庭幸福、家族兴旺的男主人又是什么样的呢?谈恋爱和结婚往往是两码事。择偶对于每个人而言,都是要用心探索的人生课题。对于女性来说,择偶是一个很大的挑战。不同经历和心态的女性,面临的状况各不相同。有些相对缺爱、自我价值感不高的女性,很容易出现"被一块蛋糕就骗走了"的状况。当然,有些女性对理想伴侣的期望与自我认知不够清晰,也很难步入婚姻的殿堂。

亲爱的姑娘们,积攒实力,并不是为了远离男人。正如我们制造原子弹,并不是为了将它发射出去。有些东西可以一直不用,但有或没有,差别的确是极大的。

如果要找一位能够相伴一生、共同创造美好生活的男性结为

夫妻，我们就要明确以下四点。

身体健康　性格坚毅

无论对男性还是女性而言，身体健康都是至关重要的。我们常说身心健康，一个人只有身体健康了，心力才会充足。对于男性而言，坚毅的性格更是其独特的性别力量。

创造力强　顺势而为

自古以来，事业上的创造力是男性力量的重要体现。随着时代的发展，女性的事业创造力也日益凸显。就当下的社会认知来看，事业对男性而言仍有着重大的意义。

一个成熟的男性，是要懂得"顺势而为"的，这里包含借势、顺势、造势的能力。一个对自我序位认知不清晰的男人，在人际关系中容易"逆势"，从而感到付出与收获不成正比、怀才不遇等。

善用万物　为人理智

一个具有高成长性的男人，往往是理智、冷静且懂得运用资源的人。网络上流传着这样一句话："凡事发生皆有利于我，世界万物皆为我所用。"对有些人来说，万事万物的存在都是助力；而对有些人来说，万事万物都可能成为阻力。随着时间的推移，这两种不同心态和能力的人，将会有截然不同的家庭和事业走向。

视野高远　责任感强

一个男人的格局与责任感，决定了他人生天花板的高度。例

如，同样是走进学校读书，有的人在少年时期就立志"为中华之崛起而读书"，有的人心里想的却是"我要当大官、发大财"，或者是"找个好工作，别饿着"。同样一件事，人的初心不同，最终的结果也会截然不同。

同时，一个成功的男性，无论是在事业上还是在家庭中，往往是极具责任感的。那么，如何发现并确定这样的"真命天子"呢？可以从以下四点入手：

（1）不要过于注重对方给予的情绪价值，而要关注他的责任感；

（2）看他为人处世的最低点你是否能接受；

（3）双方价值观是否趋同，是否在关键问题上保持一致；

（4）多观察他如何对待与你无关的人和事。

男性力量与女性力量

男性特质：有力、进取、刚强、独立、专注、创造、自由、稳固、自信、清晰、主动、开拓、自我、勇敢、积极、担当、超脱、表达力、支持、热情。

女性特质：柔软、包容、韧性、孕育、创造、接纳、开放、敞开、滋养、疗愈、流动性、弹性、等候、酝酿、融合、整体性、温暖、慈悲、耐心、宁静。

男性核心：责任感、创造力。

女性核心：流动感、承载力。

身为男性，只有了解并尊重自身所具备的男性特质，才会懂得如何给予女性尊重与疼爱，才会珍视女性身上的特质。同样地，身为女性，也需深刻认识并热爱自身的女性特质及其蕴含的宝贵价值，才会懂得如何尊重和关爱男性，以及欣赏男性身上的特质。

男性的力量深受父亲的影响。一个成熟的男性，无论父亲个性如何、成功与否，他都能发自内心地尊重、接受并肯定自己的父亲。同时，当他能够发自内心地尊重和爱自己的母亲时，他才能够在伴侣关系中展现出良好的品质，进而成为一位优秀的伴侣。

女性的力量主要源自母亲。一个成熟的女性，无论母亲的性格是温柔还是强势，是否符合社会对"完美母亲"的期待，她都能由衷地尊重并感恩母亲给予的生命馈赠。同时，当她能够敬重和欣赏自己的父亲时，她便懂得了融合两性特质的力量，从而在伴侣关系中展现出平衡的智慧，成为充满魅力的伴侣。

真正的强者，往往兼具两性的优势。

好的婚姻,是一场合作与共赢的旅程

童话的结局往往是"王子和公主举行了盛大的婚礼,从此他们幸福地生活在一起",而人生真正的开局,往往是从步入婚姻殿堂的那一刻开始的。

为什么伴侣关系如此重要?

伴侣通常是陪伴我们时间最长、共同生活场景最多的那个人,因此,我们经常称伴侣为"人生的另一半"。伴侣双方共同经营生活,养育子女,创造财富。同时,在很多场合中,二者的社交形象紧密相连,可谓是一荣俱荣、一损俱损。

伴侣作为我们唯一可以自主选择的亲属,往往会为彼此的人生带来深远的影响。甜蜜、幸福的时刻与这个人相关,消耗、无助的时刻往往也与这个人相关。因此,能够经营好伴侣关系的人,其内心往往极其安宁,心力充足,状态稳定。最后,稳定、互助、共赢的伴侣关系,是一个家族走上兴旺之路的必要前提。

伴侣关系的四个发展阶段

一般来说,两个人从相识到相恋,再到相伴一生,往往会经历四个阶段。在这个过程中，有的伴侣没有经受住考验，在某个时间点分道扬镳，而大多数白头到老的伴侣，则完整地经历了这个过程。

第一阶段，甜蜜幻想期。

能够相互吸引的两个人，最初往往是因为双方在一定程度上满足了对方的某种要求或弥补了对方某种内在的缺失。因此，很多伴侣关系开始的时候，往往充满了粉红泡泡般的幻想，满心满眼都是对方，认为对方就是自己此生最重要且最正确的人。因为太喜欢对方，所以双方总是创造机会在一起。

这个阶段是伴侣关系看上去最美好的阶段，但往往相对短暂。

第二阶段，滤镜去除期。

随着彼此接触的加深，双方逐渐暴露出一些问题，就会发现对方并非自己想象的那么完美。于是，伴侣关系进入去除滤镜的阶段。这时美好的感受开始消退，分歧、争吵、冷战、彻夜难眠等状况逐渐出现。

第三阶段，波折成长期。

在这个阶段，伴侣关系一般会有两种可能性。

第一种：虽然对方没有"我"想象中的那么完美，但是"我们"基本还是适合的，在磨合的过程中"我们"也更加了解彼此，学会了在对方的优点和不足之间寻找平衡，于是，两个人可以从"粉红泡泡"滤镜期逐步过渡到人间清醒真实期。

第二种：那些只想在伴侣关系中寻找"完美对象"的人，在这个过程中，现实的落差会让他们感到非常失望，体验过情绪的

女主力

大起大落之后,这段关系最终往往以破裂和满心伤痛收场。

第四阶段,圆熟共融期。

经历过滤镜去除期和波折成长期之后,伴侣双方往往会带着一些疲惫和释然,同时变得更加成熟,解决问题和面对现实的能力也会增强。这时,一段长期、稳定的伴侣关系便具备了基本条件——两个心智成熟的成年人。

这里所说的成年人,并非单纯指年满18周岁或者步入社会开始工作的人,而是指能够全方位地为自己负起责任,同时有能力在所有关系中追求真实和共赢的人。

伴侣关系的现状多种多样,每一种情况都需要伴侣双方具备相应关系的经营智慧。在此,我向大家列举一些常见的伴侣关系。

A:未婚未育

B:未婚已育

C:初婚未育

C-1:自己初婚未育,伴侣初婚,伴侣婚前无子,婚后无子

C-2:自己初婚未育,伴侣初婚,伴侣婚前有子,婚后无子

C-3:自己初婚未育,伴侣再婚,伴侣再婚前无子,婚后无子

C-4:自己初婚未育,伴侣再婚,伴侣再婚前有子,婚后无子

D:初婚已育

第六章 婚姻——人世间最复杂的关系

D-1：自己初婚，伴侣初婚，双方婚前皆无子，婚后有子

D-2：自己初婚已育，伴侣初婚，伴侣婚前无子，婚后有子

D-3：自己初婚已育，伴侣初婚，伴侣婚前有子，婚后有子

D-4：自己初婚已育，伴侣再婚，伴侣再婚前无子，婚后有子

D-5：自己初婚已育，伴侣再婚，伴侣再婚前有子，婚后有子

E：离异单身未育

F：离异单身已育

G：二婚未育

G-1：二婚未育，伴侣无子，婚后无子

G-2：二婚未育，伴侣无子，婚后有子

G-3：二婚未育，伴侣有子，婚后无子

G-4：二婚未育，伴侣有子，婚后有子

H：二婚已育，二婚伴侣无子（自己再婚前有孩子）

I：二婚二育，自己有子，伴侣此前无子（现与再婚对象有孩子）

J：二婚多子，自己有子，伴侣此前有子（再婚前、再婚后分别有孩子）

K：二婚是继母（父），自己无子，伴侣婚前有子

 女主力

L：二婚是继母（父），自己有子，伴侣婚前有子，再婚两人无子

M：二婚是继母（父），自己有子，伴侣有子，再婚后两人有子

N：多次婚姻（三次及以上婚姻）或长期伴侣关系无子，现单身

O：多次婚姻（三次及以上婚姻）或长期伴侣关系无子，现不单身

P：多次婚姻（三次及以上婚姻）或长期伴侣关系有子，现单身

Q：多次婚姻（三次及以上婚姻）或长期伴侣关系有子，现不单身

R：丧偶单身，无子

S：丧偶单身，有子

T：丧偶无子再次进入稳定伴侣关系，再无子，伴侣此前无子

U：丧偶无子再次进入稳定伴侣关系，再无子，伴侣此前有子

V：丧偶无子再次进入稳定伴侣关系，伴侣此前无子，结合后两人有子

W：丧偶无子再次进入稳定伴侣关系，伴侣此前有子，结合

第六章　婚姻——人世间最复杂的关系

后两人有子

X：丧偶有子再次进入稳定伴侣关系，再无子，伴侣此前无子

Y：丧偶有子再次进入稳定伴侣关系，再无子，伴侣此前有子

Z：丧偶有子再次进入稳定伴侣关系，伴侣此前无子，结合后两人有子

AA：丧偶有子再次进入稳定伴侣关系，伴侣此前有子，结合后两人有子

AB：其他

除此之外，还有一些比较特殊的伴侣关系。

A：坚定的单身主义（放弃所有伴侣关系）

B：坚定的不婚主义（接受恋爱关系）

C：坚定的丁克（接受婚姻）

D：拥有同性别伴侣且无子

E：拥有同性别伴侣并有子

F：自己处在多伴侣关系中

G：伴侣处在多伴侣关系中

H：两人均处在多伴侣关系中

I：分居未离

J：正在走离婚流程

K：情感修复期

L：伴侣处在特殊情况（疾病、负债、其他）

M：自己处在特殊情况（疾病、负债、其他）

N：孩子有特殊情况

O：有特殊情况但不在以上选项中

第六章 婚姻——人世间最复杂的关系

如何经营好婚姻关系

读到这里,你是否对"婚姻关系是人世间最复杂的关系"这句话有了更深刻的理解?是否对婚姻本身产生了新的思考与敬畏之心?

"王子和公主从此幸福地生活在一起"的故事结局,只会存在于童话故事里,而在现实生活中,美好的婚姻是需要一点一滴用心经营的"奢侈品"。

那么,如何经营好婚姻关系呢?这里不得不提婚姻系统中包含的六个子系统。

伴侣关系系统

婚姻关系的核心是伴侣双方的关系。这里最重要的是双方是否能做到有共同目标、相处舒适、地位平等,以及是否把对方放在最重要的位置上。

共同目标是每段关系存续的基础。随着人生阶段的推进,婚姻中的双方会经历新婚磨合、生育子女、积累财富、规划未来、康养晚年等不同阶段。一旦双方的目标产生分歧,婚姻就很容易

 女主力

陷入对立与消耗的困境。

相处融洽对于长期关系来说非常重要。任何一点不舒适,在时间的长期作用下,会被放大成"生命无法承受之重"。因此,日常相处中的语言和情绪表达方式,都是在为关系账户进行日复一日的积累。

许多伴侣之所以相处不好,是因为双方关系不平等。例如,有些人在成长的过程中,由于种种原因未能从父母那里获得足够的关爱、认可或支持,于是,他们进入伴侣关系系统后,便会不自觉地将这些未能满足的情感需求投射到伴侣身上,期待从对方那里得到未从父母那里获得的爱与关怀。久而久之,伴侣关系严重失衡,被期待的一方会感到压力重重、疲惫不堪;而满怀期待的一方,则难免会因一次次的失望而满心愤怒。

在伴侣的日常相处中,有一些行为是不可取的。我们把常见的容易伤害彼此的行为罗列出来,以警醒大家。

(1)指责——凡事都是你的错;

(2)辩解——绝对不会是我错了;

(3)冷战——长时间不沟通,对冲突和矛盾冷处理;

(4)蔑视对方——关系破裂的开始;

(5)经济封锁——赚钱的制裁顾家的;

(6)长时间分居——关系破裂的信号;

(7)拉帮结派——将孩子、父母等家庭成员拉拢到自己一边,共同讨伐对方;

（8）暴力行为——身体暴力、言语辱骂或攻击等；

（9）破坏对方的社会关系——让对方"社会性死亡"；

（10）互联网网暴——借助网络平台曝光对方的错误，甚至恶意造谣。

婚姻中有一个非常重要的原则：伴侣是人生中最重要的人。一旦我们步入婚姻的殿堂，组建了家庭，伴侣在我们的关系系统中便拥有比父母、孩子更为优先的位置。

原生家庭系统

每个人都是自己原生家庭的作品，因此在决定结婚之前，建议深入了解彼此的"出品方"。

在很多关系科学的教学现场，我常常会问大家："假如你的父母不幸福，你敢幸福吗？假如你的父母不成功，你敢成功吗？"

在协助众多夫妻改善婚姻关系的过程中，我们发现原生家庭系统对现有家庭系统的影响是巨大的。

在婚姻关系中，我们需要同时捋顺四条与原生家庭相关的关系线：

（1）我与我的原生家庭；

（2）我与对方的原生家庭；

（3）对方与对方的原生家庭；

（4）对方与我的原生家庭。

在这四条关系线当中,如果有一条是不顺畅、有矛盾的,现有家庭就会受到极大的影响。因原生家庭的矛盾而最终分道扬镳的夫妻,在当今社会屡见不鲜。

此外,一些反映原生家庭现象的特定称谓,如"妈宝男""爸宝女""扶弟魔""凤凰男"等,也已被广泛认知和传播。

亲子关系系统

许多婚姻关系的改变,是从孩子出生之后开始的。对于任何一对年轻夫妇来说,孩子的到来往往意味着他们人生角色的重大转变和责任的加重,这无疑是一个巨大的挑战。

孕产期是女性生理、心理、外在形象和关系重塑的重大转型期。因此,很多女性会非常认同"月子之仇,不共戴天"的说法。而大多数年轻男性由于并未亲身经历生产过程,在角色的转换上往往会"慢半拍"。有些男性会因为女性将更多的精力投入到孩子身上而感到被忽视,从而产生不良情绪,甚至做出对家庭不负责任的行为。因此,许多婚姻关系的破裂往往发生在孕产期及其后的三年内,这不仅对女性造成了极大的伤害,从长远来看,对男性的负面影响也是非常大的。

亲子关系是影响婚姻关系的关键因素。夫妻双方需在教养分工、教育理念等方面综合考虑并随时调整。同时,为人父母这件事,也是让一对年轻男女承担起生命传承、社会发展重任的新起点。

在亲子系统中,我们尤其需要注意的是,在孩子眼里,父母的关系应当是和谐的、一体的,否则孩子很容易产生不安和分裂感。

同时，作为家庭中序位偏大的一方，父母需要让孩子感受到支持和守护，而不是被评判、限制或打压。

有了孩子之后，实现自我成长和经营好伴侣关系不再是一种可有可无的选择，而是一份沉甸甸的责任。

总的来说，亲子关系系统中我们要理顺以下几个方面：

（1）你和孩子的关系；
（2）他和孩子的关系；
（3）孩子眼中你们的关系；
（4）你们关于孩子达成的共识和存在的分歧；
（5）亲子关系中的分工与界限；
（6）你和你的内在小孩的关系；
（7）他和他的内在小孩的关系。

理顺了这些，夫妻双方就可以更好地应对亲子关系所带来的各种挑战，维护家庭的和谐与稳定。

其他伴侣系统

那些未和解的、不合乎道义的伴侣关系，会成为当下伴侣关系的困扰和枷锁。

互联网上有一句广为流传的话："头婚怕小三，二婚怕前妻。"这说的就是婚姻中的其他伴侣关系。这里提及的"其他伴侣"，主要分为两种：一种是步入婚姻之前的前任伴侣，另一种是婚姻

 女主力

存续期间出现的第三者。

在这一系统中,我们需要面对和探讨的关系有:

(1)你和你的前任伴侣及其他伴侣的关系;

(2)他和他的前任伴侣及其他伴侣的关系;

(3)你和他的其他伴侣的关系;

(4)他和你的其他伴侣的关系。

再婚家庭往往比初婚家庭更难经营,因为其中涉及的人际关系和情感更为复杂,尤其是在与前妻/前夫还育有子女的情况下,除非有丰厚的财力与强大的心力支撑,否则大多数人会感到力不从心。

在过往多年的分享中,我很少见到有人在婚内出轨并与第三者结婚后,能把生活过得美满。这是因为,无论是出于对前任伴侣的亏欠,还是这种行为所导致的社会声誉受损、人设崩塌等负面影响,都不利于个人的身心健康和事业的良性发展。

对待自己的前任伴侣,我们应尽量寻求内心的和解,避免为过往的是非对错发生争执,导致彼此仇视,而应将这段感情视作人生中的一段重要经历,真诚地感谢对方曾陪伴自己走过一程,并祝福对方未来有好的发展。

对待伴侣的过往伴侣关系,我们需做到尊重、接受,并且专心地与对方一起活在当下,共同把家庭经营成滋养、共生的状态。

各自身心系统

婚姻表面上是两个人的事,展开来是两个家族的事,但归根结底,其实是自己跟自己的事。

一个身心健康的人,既能理性地选对伴侣,又能把关系经营好,把日子过好。在这个部分,我们需要考虑以下几个方面:

(1)你的内在世界是怎样的?

(2)他的内在世界是怎样的?

(3)与他相处时,你的身心是怎样的?

(4)与你相处时,他的身心是怎样的?

好的伴侣关系,彼此滋养身心;不好的伴侣关系,彼此拉扯消耗。

外部环境系统

在一对伴侣共同生活的时光中,他们会共同面对很多外部环境的变化。有些变化会产生助力,有些变化则会带来挑战。对此,我们要深入思考以下几个问题:

(1)我们是否能够同富贵?

(2)我们是否愿意共患难?

(3)哪些事一定会破坏我们的关系?

(4)哪些事一定会滋养我们的关系?

有的伴侣只能同富贵,有的伴侣却能共患难。同时,基于认知和价值观的不同,每个人对关系中的边界感,以及被破坏和滋养的感受也存在差异。如果伴侣之间能把以上情况明确地表达出来,那么无论外部环境怎样变化,他们都有机会将这些改变转化为婚姻关系中的建设性力量。

以下是经营好伴侣关系的四个方法:

(1)保持立场一致。伴侣关系是最亲密无间的关系,其他人都是外人。

(2)遇到任何问题,先调整心情,再去解决。大多数情况下,感受比对错更重要。

(3)成熟的关系,需要伴侣双方保持70%的独立、30%的共融。

(4)在日常生活中,基于对方的言行给予积极的正向反馈。

第七章

原生家庭——读懂自己的出厂设置

"我"的父亲母亲

我们降临到这个人世间,如同玩家在游戏中选择了出生点。

我们怀揣着各自的生命课题,开始探索这个世界,同时被赋予了预设的命运脚本。在"游戏"的起点,我们看似"自主绑定"了家族、"认定"了父母,然而,许多人在开局后却拒绝承认这种系统设定,并为原生家庭的局限而烦恼。

我们以相近的能量和意识等级起步,带着各自的"布衣木剑",踏上了成长的征程。

我们如果将所有焦点都放在外界的人与事、物质条件的创造与成果追求上,就会把游戏角色当作真实的自我,把脚本中的情节当作现实真相,从而忘记我们究竟为何而来。当爱人离去,躯体衰老,物质不再能给我们带来滋养时,我们又该如何自处呢?

生命本身就是一段又一段的成长过程。当我们在各自跌宕起伏的剧情中,不断地向更广阔的空间、更无尽的可能性迈进时,我们便能逐渐领悟到意识世界的层次、能量运作的法则及空间的边界。

面对生命的壮阔与深邃,任何语言都显得渺小而苍白。当下

第七章　原生家庭——读懂自己的出厂设置

这段人生经历，将决定我们下一程如何开启。你如果也认同这一点，再次面对人生的时候，大概就会更加放松，更专注于当下。

我们都有一堂要学很久很久的课，叫"我的父亲母亲"。如今，越来越多的人开始意识到并认同原生家庭对个人的深远影响。然而，绝大多数人并没有系统地了解过自己的现状与原生家庭之间的关系，更不知道如何通过改变自己对原生家庭的看法来改善现有的生活状态。

我经常在分享中问大家这样一个问题："如果你的父母不幸福，你敢幸福吗？"大多数没有经历过系统成长的人，对父母的爱往往是盲目的、忠诚的。因此，我们会发现这样一些现象：关系不和谐的夫妻，他们的孩子长大之后往往也很难拥有幸福的伴侣关系；在金钱上历尽艰辛的父母，很难养育出与金钱拥有良好关系的孩子，即使这个孩子成年后非常能赚钱，他也常常面临一些隐性的金钱卡点。

那么，如何让孩子受益于原生家庭，而不是受限于原生家庭呢？常言道，三流的父母是保姆，二流的父母是教练，一流的父母是榜样。但无论是保姆型、教练型还是榜样型父母，其实都是很好的父母。然而，还有一些父母常年困在自己的情绪中无法自拔，心智年龄甚至比自己的孩子还要小。这类父母的孩子长大之后，往往是讨好的、付出的，同时又得不到应有的回报。

如果你的生命中经常出现一些莫名其妙的卡点，或者某些问题总是反复出现，那么我们要解决的并不是这些卡点本身，而是要去探究导致这些问题反复出现的深层模式。只有改变这种模式，

我们才能从根本上杜绝卡点的出现。例如，一个安全感和价值感缺失的人，容易被人欺负和背叛；一个缺乏归属感的人，会觉得所有的工作都不适合自己，所有的关系都难以长久维持。

经常有一些学员向我们反映，在生活和工作中有一些莫名其妙的"黑拳"。明明把事情做对了，没有任何可见的失误，但期待的结果总是无法如约而至，或者大打折扣。

我们大多数的行为模式，往往是在原生家庭中形成的。每个家族都是一个系统，家族成员之间看似独立，实则相互影响。家族中发生的重大事件，甚至会影响3～7代人。家族系统中的关键人物：家族中的长辈，即我们的祖父母、外祖父母、父母及父母的兄弟姐妹（如果他们有比较特殊的事情发生，也会通过系统动力或多或少地影响我们）；平辈，即我们自己和兄弟姐妹；晚辈，即我们的孩子。当然，我们的伴侣也在我们的家族系统中。

第七章　原生家庭——读懂自己的出厂设置

对家族影响深远的事件

接下来，我们来总结一下，哪些事件会对家族产生深远的影响，以便大家对照。

第一，家族中有人早夭。如果一个家族中有孩子早年夭折，这种伤痛对整个家族的影响是深远的。它不仅会严重地影响孩子父母的情绪，还可能改变他们对待其他子女的态度。而其他存活下来的孩子，往往会因此而产生愧疚感，并会在往后的人生中无意识地付出某些代价，试图减轻内心的愧疚。

第二，孩子年幼时父母一方过世。一个孩子在年幼时失去父亲或母亲，这种经历对这个孩子及其后代会产生深远的影响。父母是孩子的底气和无条件爱的来源，过早地失去父亲或者母亲的孩子可能会感到底气不足，变得非常敏感且倾向于依靠自己成长。同时，他们内心深处又非常缺乏安全感，这可能导致他们比同龄人更加早熟，内心滋生低价值感。

第三，家族中存在孩子被送走、被领养或有私生子的情况。这对家族其他成员的影响也比较大。被送走或被领养的孩子可能会在家族中留下一种"空缺感"，而其他成员可能因此产生复杂

女主力

的情感，如愧疚、不安或困惑等。

第四，父母是否为彼此的第一任伴侣。这对父母的伴侣关系及孩子会有比较大的影响。如果父母在遇到彼此之前都有过前任伴侣，那么前任伴侣的能量也会作用于这个家族系统。在这里我们就不一一展开了，但要提醒各位的是，每个曾经出现在我们生命中、带有系统动力影响的人都需要有相应的位置。

第五，家族秘密。俗话说，家丑不可外扬。当家族成员都对某事闭口不提时，这种刻意的回避实际上已经消耗了家族中大量的能量。当然，这并不是说要我们把家族中的所有事公之于众。事实上，外界对我们家族秘密感兴趣的人并不多。只是在家族的传承中，我们需要对所有发生过的事情——无论在我们眼中是好还是坏，都给予基于事实的承认和尊重。

第六，家族长辈或成员是否有重大疾病、行动障碍或成瘾行为。从生理学角度来看，这可能涉及基因的遗传影响；从系统动力的角度来看，这些情况的发生或许是由个人习惯导致的，这其实是在提醒我们家族中有一些该被看见却未被看见的不圆满之处。

第七，家族中是否存在精神类疾病或非正常死亡事件。这些会对家族及后代产生深远的影响。如果家族中存在这类情况，建议尽早寻求专业的心理疗愈支持，或者开始系统地学习关系科学的相关知识。

第八，移民。一个家族从一个地方迁徙到另外一个地方生活，这背后往往需要两代或两代以上的人去适应和重塑。这里的"适应"指的是生活方式和社会人文环境的融入，而"重塑"指的是对价

值观和文化观念的调整。当然，每个人都有权利选择自己在什么地方生活，只是我们去哪里生活不是目的，让家族成员生活过得好、让子孙后代在家族系统的支持下走向越来越光明的未来才是我们的终极目标。这也是我在这里向大家介绍对家族有深远影响的事件的原因。

　　如果没有上述问题，那么恭喜各位，大家的家族基本上处于一个比较健康且蓬勃发展的状态。如果有的话，建议我们这一代能够进行和解与调整，让家族朝着没有内耗、没有破坏性的方向健康发展。

 女主力

父母关系失和对孩子的影响

接下来，我们系统地分析一下，如果一个人与父母的关系失和，他的人生可能会面临哪些境况。

第一，无法完全接受自己的生命。每个人的生命都是一半来自父亲，一半来自母亲。如果我们抗拒父亲，那么生命中的男性力量就会减弱；如果我们否定母亲，那么生命中的女性力量就无法给予我们支持。

第二，无法自由地发展生命。我们如果与父母的关系不和谐，就很难拥有自由的、向上的、充满生机的生命状态。

第三，不断地对外冲突、对内消耗。尤其是在童年时期，如果父母经常在我们面前表现出冲突和不和谐，那么我们内在的男性力量和女性力量就很难和谐地融合。因此，经常感到纠结或有选择困难症的朋友，不妨问问自己是如何看待父母之间的关系的。纠结和有选择困难的人背后，往往有一对关系不和谐的父母。

第四，产生莫名其妙的罪恶感，导致自己经常把事情搞砸。那些评判或怨恨父母的人往往会受到良心的谴责，从而产生一种罪恶感。"我连自己的父母都不接受，甚至去评判和埋怨他们，

作为他们的孩子，我又能好到哪里去呢？"这是他们的潜台词。因此，这类人往往会从根本上将自己定义为失败者，从而让自己在生命中不断经历失败。

第五，对世界产生疏离感。没有得到过父母无条件的爱、信任和支持的人，是很难相信这个世界上会有人真心爱自己的。成年之后，他们要么因自己的执念而吸引不到任何真心对待他们的人；要么即使有人愿意掏心掏肺地对他们好，他们也会因为不信任他人而不断地试探对方，令对方伤透心后离开，最终验证"果然没有人真的爱我"的心理预设。

第六，利用伴侣和孩子来疗伤。在原生家庭没有得到幸福的人，会非常渴望在新组建的家庭中，由伴侣来弥补自己童年的遗憾和缺失。然而，没有任何一个伴侣能够给予父母般的爱。当他们在伴侣那里感到失望时，又会把希望寄托在孩子身上，渴望孩子能够无条件地满足他们的情感需求。这就是很多孩子在年纪很小的时候就开始为父母操心，甚至承担起父母的责任的原因。而自小习惯为父母操心的孩子，长大之后又容易成为这种向孩子索取情感的父母。就这样，这个问题在家族中代代相传，形成了一个"代代不在位，代代付代价"的恶性循环。

第七，自我评价过高或过低。与父母关系不和谐的孩子，往往无法准确地进行自我定位。他们走向社会后，也很难在短时间内找到自己的位置，要么过于自大而令人反感，要么过于懦弱而遭人嫌弃。

第八，背负父母的责任。许多孩子对父母的爱更像是同辈甚至

女主力

长辈的爱,他们把父母的责任背在自己身上,认为这就是对父母的爱。然而,在任何关系中,每个人都有自己相应的责任和权利。我们如果真的为彼此好,就不应该剥夺对方的责任和权利,而应把握好家庭序位中的分寸。

第九,养成放弃的习惯。我们经常会听到一个词——心力不足。那么,什么样的人会心力不足呢?通常是消耗过大而充电不够及时的人。一个人如果从小没有在父母那里得到充分的肯定和正向的激励,就容易成长为一个内耗严重的人。内耗严重的人注定没有办法长时间坚持做一件事情,他们没有足够完善的系统支撑心力的持续性,这就是当下做事"虎头蛇尾"的人越来越多的原因。

第十,形成习惯性抗拒。每当有新鲜事情发生时,他们的第一反应总是本能地封闭自我、拒绝接纳。这是因为在他们小的时候,每当有新鲜事情发生时,往往带来的是灾不是福。而从小就不断得到正向激励和正反馈的人,对新鲜事物是充满期待并敞开接受的。

话说回来,无论我们成长于怎样的原生家庭,25岁之后我们要逐渐习得一种能力,那就是成为自己心目中完美父母的样子,重新养育内心那个受伤的小孩,用他期待的方式去爱他、肯定他、支持他。这是疗愈童年创伤非常好的方法。

在一次深度冥想中,我仿佛回到了幼年时期的一个场景:五六岁的我,身穿一件墨绿色的薄长袖衣服,独自走在山东大

老校区的宿舍院里,看起来有点懂事,也有点可爱。

随后,我的视线开始跟随这个"小小的我",重新经历了过往的种种。许多已经被我内化且与自我和解的往事逐一浮现,伴随着当时那种无力改变、只能默默承受的感受。

就在那时,我突然发现了一个自己一直以来既受益又受限的"求存模式":要表现得很好,要有光环加身,才不会被轻易放弃。

这一模式的发现对我而言至关重要。长久以来,我对外展现的都是一个情绪稳定、积极向上、永远靠谱的形象。然而,只有我自己知道,在某些时刻,我的内心深处会涌现出深深的无力感和疲惫感。这种"好好表现"的自我要求,其实是我在童年时期,一次又一次经历"被放弃"的事件后逐步建立起来的一种"自救模式":一方面,让自己更有价值,我就会被优先选择,不会被轻易放弃;另一方面,让自己越来越强大,即使离开任何关系、任何人,也能够独立生存和发展。

那些"被放弃"的感受究竟源于什么呢?归根结底,大约是在3岁、7岁、9岁、14岁、16岁这些人生节点上,我的生活环境和成长中的陪伴者不断变化,让我经历了人生的重大转折。

其实,这个"必须好好表现"的模式在很大程度上成就了我,让我拥有了当下的一切。然而,"休息和放松"却给我带来很大压力。同时,在人际关系相对复杂的成长环境中,我练就了另一种能力:尽量平衡和照顾身边所有人的感受。但代价是我要一直保持克制和理智,不能有任何差池。

我静静地看着那个小小的、五六岁的自己。那时的她还没经历爷爷离世、父母离异,也没有经历身边最重要的一群人相互指责,更没有经历父母各自再婚再育……她就单纯地在山东大学宿舍大院里蹦蹦跳跳,手里还握着一把狗尾巴草。

于是,我在心中问自己:"假如我是自己的孩子,我希望她过什么样的生活?"是希望她永远正确,拥有无数成就和光环,还是希望她真正轻松、快乐,做自己喜欢的事就好?然后我发现,其实我还挺贪心的——我既希望她能拥有光环,又希望她能轻松自在,卸下那些不属于她的压力和所谓的责任。

就这样,我背负了30年的隐形铅块(重负)瞬间被轻轻地卸下了。我一直跟大家说,要看见并善待内在的那个小小的自己,却未曾料到,在我自己成长的第八个年头,内心某个隐秘的角落依然藏着一个需要长大后的我去发现、去呵护的可爱的小姑娘。

感谢成长之路的指引。愿每个内在的小孩都能被长大后的自己发现并珍惜。

父母是我们的生命之来处,在我们的人生中占据着特殊的位置,仅仅因为他们赋予了我们生命,便足以得到我们的尊重。父母在我们呱呱坠地之后,已经完成了"给予生命"这一使命。在后续漫长的成长过程当中,我们无论经历过什么,如今只要我们已成年且心智成熟,都应当勇敢地承担起属于自己的生命责任,而不是持续地将当下的不如意归咎于原生家庭。毕竟过往的一切已经成为既定事实,是不可能改变的,而真正可以改变的,是我们当下的选择和未来的方向。

有人哄的孩子才敢哭，有人爱的孩子才会笑。可太多人从小只会乖巧顺从，将满腔情绪硬生生地咽下，最终长成了内心压抑的大人。

《庆余年》中林相对大宝说的那句"你就蜷在那儿，慢慢地活"之所以击中了无数人的心，是因为许多人的心底都藏着一个蜷缩着的孩子。

不必把内在小孩受的委屈硬与原生家庭相关联。爱与伤害的来源，往往是同一处。一旦靠近，一旦在意，人就难免计较，难免生出得失之心。

我们对什么有评判之心，往往就会受限于什么；我们深刻地信任什么，往往就会经历什么。这世间的一切原本只是流经你我，唯有懂得放手的人，才有可能拥有一切。当我们紧握不放、执意抓取什么时，我们便已失去了其他可能。

第八章

如何养出健康向上的孩子

内在的"小孩"

如果想要家族更好地传承,想要子女成才,我们应该做些什么呢?

一个人无论看上去多么成功,年龄有多大,如果没有疗愈好内在的那个曾经遭受过童年创伤的"小孩",都很难真正成长为一个成熟且具有支持性的人。每个成年人的内在都有四个小孩,分别是受伤的小孩、叛逆的小孩、自由的小孩和适应的小孩。

接下来,我们来探讨一下,当这几个小孩出现在成年人的世界里时,会呈现出怎样的状态,以供大家参考。

受伤的小孩,往往源于我们小时候未被满足的期待,或者缺失的爱与关注。当这个小孩开始占据我们的心智时,我们往往会产生自怨自艾的情绪,觉得别人不理解我们,感觉自己是世界上最孤独、最可怜的人,是不被关注的。

叛逆的小孩,当他出现在成年人身上时,表现出来的便是不配合,该负的责任不负,甚至会为了拒绝而拒绝,为了愤怒而愤怒。

自由的小孩,如果出现在成年人身上,在聚会、玩乐或旅游时,往往处于颇为松弛和快乐的状态。可一旦需要履行自己该履行的责任，或者要参与一些需成熟稳重的团队协作及其他相关工作时，自由的小孩往往会表现出散漫的态度和在关键时刻掉链子的行为。

适应的小孩，也就是我们常说的"乖小孩"。这样的小孩往往没什么主见，别人让他做什么，他就做什么。他最怕自己被落下，怕自己不合群。

接下来，我们说说如何才能让父母成为真正的父母。答案是让自己成为内在那几个"小孩"的完美守护者和"父母"，而不是一味地寻求年迈的父母来弥补我们童年的缺失。

毕竟，没有人比我们自己更懂内在的这几个孩子渴望什么。因此，一个拥有良好决策能力的人，能够时刻为自己的决策负责。只有那些全然接纳自我、完成自我疗愈，且对自己的内在世界了如指掌的成年人，才有可能在家族的传承中成为下一代坚实的守护者与有力的支持者，而不是成为他们的牵绊。

孩子常见的行为问题

孩子常见的行为问题有以下几种：

第一，厌学。到了该上学的时间却不愿意去上学，这种情况在小学高年级到初中阶段的孩子中较为常见。在我们过去接触的大量个案中，我们发现孩子厌学的原因，往往与不健康的家庭环境、压抑的学校环境和学业压力等有关，也可能与孩子从小养成的认知习惯有关。

第二，说谎。我们都知道，只有诚实的人才能在这个社会上立足并走得长远。那么，为什么孩子小小年纪就学会了说谎呢？

根本原因是孩子从小就懂得趋利避害。如果孩子在犯错时受到了过于严厉、小小年纪无法承受的惩罚，之后再有类似的事发生的时候，他们为了逃避惩罚就会推卸责任和说谎。因此，能够让孩子勇敢、真实地对父母表达自己的想法，是父母的必修课。

第三，偷窃。孩子出现偷窃行为，往往是因为父母给的物质确实不足。尤其是到了青春期之后，孩子可能会因为自己物质匮乏而选择在家中铤而走险。还有一种可能性是父母给予的爱、关注和时间不够，孩子试图通过这种行为来引起父母的重视。此外，还有一些更深层、更复杂的原因，因人而异，需要根据具体情况进行分析，无法在此逐一展开说明。

第四，离家出走。孩子之所以选择离家出走，往往是因为在他幼小的心灵里，他认为这个家他已经待不下去了。他在家里没有足够的成长空间和自由呼吸的空间，这个家里的气氛让他感到过于压抑，或者外界有更加吸引他的事物。

第五，沉溺于网络或电子产品。如今，许多孩子沉溺于网络、手机、电脑不离手。通常，一个在某一方面表现出上瘾行为的孩子，往往是由于与父亲的情感联结相对缺失。父亲对于孩子来说，意味着内在的力量感、支撑力和韧性。当孩子缺失与父亲的情感联结时，往往需要通过与其他事物紧密联结来获得归属感。

除了以上问题，孩子常见的行为问题还有攻击性强、脾气暴躁、自我破坏等。这些行为问题在养育过程中我们可以通过正向引导，从行为和心理层面进行改善和规范。但前提是孩子的父母要懂得家庭教育，了解关系科学。

孩子出现问题的原因

从关系科学的角度来分析,孩子出现问题,往往有两个主要原因。

第一,父母不在父母的位置上。

这分为两种情况:一种情况是父母的精力和关注点仍然停留在各自的原生家庭,还没有意识到自己已经是一个新家庭的一家之主,且拥有了独立的家庭系统。

换句话说,就是一个应该或者已成家的成年人,依然过度牵挂自己的原生家庭成员,并且把自己的爱、精力、时间更多地倾注在原生家庭而非自己的小家庭上。

另一种情况是父母心里有一些其他的牵挂,致使他们无法全身心地投入当前的家庭,无法好好地履行自己为人伴侣、为人父母的责任。

第二,父母的伴侣关系不和。

在过往的关系科学分享过程中,我们发现很多在伴侣关系当中相对弱势或受害的一方,喜欢把孩子拉到自己的阵营,去指责和评判另一方。

在这里,我想跟大家分享一句话:"每一支射向伴侣的箭,都首先穿过我们的孩子。"

无论大人之间存在怎样的矛盾和冲突,对于孩子来说,父母都是他在这个世界上最亲、最重要的人。如果最重要的两个人是彼此仇视、相互攻击的,那么这个孩子就会感到深深的绝望与无力。他夹在父母中间,不知道该如何是好。因此,无论大人之间发生

 女主力

什么事情，都尽量在孩子面前给对方留一份体面和尊严。

对于一个男孩来说，最大的支持就是他的母亲告诉他，他的优秀、他的担当都像他的父亲一样；对于一个女孩来说，最好的伴侣关系和学习的榜样，就是她的父亲在她的面前非常爱护她的妈妈，让她从小就知道高价值感的婚姻模式及女性应有的生活方式是什么样的。

第八章　如何养出健康向上的孩子

助力孩子向阳成长

孩子成长最重要的四重养分

在孩子成长的过程当中，父母需要为他们提供四重养分：物质、感受、体验、能量。只有同时获得这四重养分的孩子，未来才有足够的能量和底气去开创属于自己的人生。然而，不少父母认为物质是唯一且重要的养分；有一些认知水平较高的父母，会意识到高质量陪伴的重要性。下面，我们从孩子的角度出发，解析他们在成长过程中不可或缺的四重养分。

第一重养分：物质。对于孩子来说，有一个基础的、能够安全生存的物质保障是非常重要的。这也是我们常说一对夫妻先是遇到彼此，然后共同创造一些物质基础，再来要孩子的原因。但实际上，孩子所需的物质基础并不需要特别高。在现代社会，我们之所以认为养育一个孩子非常昂贵，很大程度上是因为的确存在一些商家过度营销、向父母贩卖焦虑的现象，而父母出于本能想要给孩子更好的，这就形成了"养孩子物质代价特别高"的认知。

其实，我们只要能够基本满足孩子的物质需求就足够了。

女主力

第二重养分：感受。对于孩子来说，如果他的感受能够得到很好的照顾，那么他对这个世界的感受就会是美好的。

曾经有一个著名的实验：将一群小猴子关进笼子里，笼子里有两只"猴子妈妈"，一只是用钢铁做的，有奶瓶可以让小猴子吃奶；另一只没有奶瓶，却是用软软的棉布做的。科学家们发现，小猴子们虽然会短暂地跑去钢铁"妈妈"那里吃奶，但是更多的时候，它们会选择待在让自己感到舒适柔软、没有奶瓶的棉布"妈妈"身边。

这个实验告诉我们：物质对于孩子来说固然重要，但是被呵护、被善待、被重视的感受，对于孩子来说是比吃饱更重要的事情。

第三重养分：体验。我们不可能永远把孩子关在家里，不让他出去。我们也不想把孩子养成温室里的花朵，或者是不谙世事的成年人。因此，让孩子在该体验、该见识的年纪去读万卷书也好，行万里路也好，还是去跟更多的人打交道，这些都需要父母去帮孩子规划和把关。只有见过世界的人，才会有正确的世界观；只有见过金钱的人，才会形成正确的金钱观。因此，孩子人生最初的体验其实是由父母决定的。

第四重养分：能量。"能量"这个词在近些年被广泛提及和传播。那么，它究竟是什么？它是家里的语言环境，是家庭的情绪氛围，是孩子在父母身上感知到的生命状态。在能量的世界里，看不见的因素往往决定着看得见的结果。

在大卫·霍金斯（David R. Hawkins）博士的能量层级图中，他将人类的情绪状态分为不同的能量层级，从低到高大致分为17

个等级。其中，最低级的是"羞愧"，能量值只有20；而当一个人的能量值达到200的时候，情绪表现为"勇敢"，这是正负能量的分界线。霍金斯博士认为，当一个人有勇气去承担自己的责任，并且去面对这个世界的时候，他人生的正向之旅就开始了。

霍金斯能量层级图

著名的精神科专家大卫·霍金斯通过长期的临床实验及科学研究，证明了每个人都有自己特定的能量层级。这个能量层级并不取决于我们经常提及的地位、财富等世俗标准，而是根据意识能量层级来划分的。大卫·霍金斯指出，一个人的意识能量层级决定了他的生命质量。他在《力量与能量》一书中提及，所有具有形体的事物，如人、动物、植物、衣物、交通工具、楼房、书本等，以及抽象无形的事物，如情绪、音乐、意念、语言、情感等，都有特定的能量层级。

在霍金斯能量层级图中，不同的能量层级对应着不同的情绪状态和行为表现。

绝大多数人的意识能量等级处于1～600的范围内。

如果一个人的意识能量在200以下，他将陷入一个不断丧失生命能量、逐渐变得脆弱和不健康的恶性循环，生命缺乏活力与热情，很难依靠自身力量创造美好的生活和取得成就。

200是意识层级的分界线。通俗来说，当一个人的意识能量高于200时，我们会觉得这个人充满正能量，自然会被他吸引；反之，当一个人的意识能量低于200时，我们往往认为他是一个

负能量的人，本能地想要远离他。

　　研究数据表明，只有极少数人的意识能量达到了500，而意识能量超过600的人更是凤毛麟角。然而，一个高能高频的人，能为成千上万的人带来正面的影响。

　　有一种说法认为，当一个人的意识能量达到1000时，他就可以中和地球上所有的负能量。

　　每个人的意识能量并不是固定不变的，而是会高低波动的，这些变化与我们的心境有直接的关系。科学研究发现，能够显著影响和决定一个人意识能量层级的并不是那些世俗的标准，相反，这些世俗的标准会明显地受到人的意识能量层级的制约。决定一个人意识能量层级的关键因素，是这个人的心灵境界。

　　如果一个人能将意识能量层级提高一个档次，那么他的人生将发生很大的变化，尤其是将意识能量由200以下提升到200以上时。不过，意识能量层级的跃升不是一件简单的事情，它无法单纯依靠学习来实现。一般情况下，一个人的能量场终其一生都不会发生多大变化：如果不是遭遇重大事件或接受特殊的意识训练，绝大多数人的意识能量层级一生中也只能上升5个点左右。

　　霍金斯发现，勇敢、真诚、担当等积极的精神状态，可以提升一个人的精神振频，从而改善这个人的身心健康状况，优化整个生命过程。我们每个人的能量层级是由自身的信念、行为准则和心灵境界决定的，而能量层级又决定了我们生命中的一切，因此，我们每个人最终都会为自己的每一个念头、每一句话、每一个行为负责。

少数层级高的人的意识能量，能够抵消绝大多数人的意识负能量。在一个组织中，意识能量层级高的人越多，组织本身的能量层级就越高。每一个组织要想更加轻松地实现目标，非常有效的途径就是采取切实可行的措施提升整体的能量层级。而提升整体的能量层级可以通过提升现有成员的个体意识能量层级，或者引进高能量层级的新成员等方式来实现。

提升意识能量层级并非易事，它需要经历重大事件、进行大量的长期练习及有深刻的自我认知。当我们能够提高一个能量层级时，基本上我们就能从根本上做出改变。当我们开始朝着意识能量层级的提升而努力的时候，我们也在向周围的人传递更高境界的意识能量。相比财富的积累和知识技能方面的学习，提升意识能量层级更能有效地改善生命质量，甚至会对我们的家人及后代产生深远的影响。

不同能量层级的数值及表现：

（20及以下）羞愧

这是最接近死亡的一个等级，处在这个能量等级的人犹如患了意识的绝症。长期处于羞愧状态的人，对自己非常排斥和抗拒，这会严重摧毁他的身心健康。处于这一能量等级的人会对自己、他人及社会造成很大的负面影响和潜在威胁。

（30）内疚

潜意识里的内疚感会给一个人带来很多伤害，如意外事故、重大疾病等。有时，这种内疚感也会表现为经常性愤怒、对关系的极度破坏，以及对整个世界的抗拒，这种人容易对社会产生报

 女主力

复心理。

（50）冷淡

处在这个能量层级的人会觉得这个世界和未来没有希望，他们往往生活在贫穷、无助和失望之中。他们不仅对自己的人生感到无助和绝望，还会对别人和社会充满负面评价，认为世界上不存在希望和好运。

（75）悲伤

处于悲伤能量层级的人容易感到生活无意义、内心失落，并对别人产生依赖心理。他们常常处于消沉和孤立无援的状态。生活中，我们有时会看到一些人总是很懊丧、无精打采，这正是悲伤能量的体现。在这个能量层级的人眼中，整个世界是黑灰色的，他们内心充满了懊悔和自责。

（100）恐惧

当一个人的内心充满恐惧时，对他来说，整个世界都是危险的。这种状态会持续引发令人担忧和恐惧的事情在他们的生活中发生，久而久之，他们会形成压抑、防御、偏执的人格。在这个能量层级的人，生命中大部分的力量会被恐惧吞噬，使他们停滞不前，无法提升。

（125）欲望

在这个能量层级，人们会耗费大量精力去追求一些低级目标和回报，这也是一个容易使人患上成瘾症的能量层级。有的人会在无意识中将某些欲望看得比生命还重要。这只会阻碍他们走向真正有所成就的道路。如果能将对低级目标的追求转化为正向的愿望，这种转化便有可能促使他们迈向更高的能量层级。

第八章 如何养出健康向上的孩子

（150）愤怒

当一个人强烈的欲望得不到满足时，他可能会非常愤怒。愤怒的人通常表现出愤世嫉俗、报复心强、善妒等特质，容易给自己和他人带来危险。愤怒往往来源于未能实现的欲望所引发的挫败感，这种挫败感会逐渐将一个人的心灵拖向更低的层级，使其产生仇恨和破坏性心理。

（175）骄傲

有的人认为这个能量层级是相对积极的，但实际上它仍处于消耗性能量层级。骄傲的人常常感觉自己容易受到攻击，对这个世界充满防备。当一个人不再拥有骄傲的资本时，他就非常容易跌落到更低的层级，并且因为时常处于自我膨胀的状态而饱受评判和攻击。骄傲的能量很容易转化为挑剔、评判、刻薄、傲慢和自以为是等，而这些都会阻碍人们向更高的能量层级迈进。

（200）勇气

达到勇气这一能量层级，生命的能量才得以初步展现。处在这个能量层级的人具备自我拓展、勤劳努力、主动创造和果断决策的能力。相对于较低的能量层级而言，处于这一层级的人开始看到生活中的阳光面，认为生活是有意义的。他们愿意追求成长和接受更多、更好的可能性。那些低频能量的人的烦恼，对于他们来说就是小菜一碟。处于这个能量层级的人已经能够向周围的人传递能量和爱。

（250）淡定

当一个人达到淡定这个能量层级时，他的能量就已经非常活跃了。这一层级的人不会再深陷于挫败和恐惧中，内心充满了安全感。同时，他们能够灵活地看待生活中的问题，拥有很强的应对能力，镇定从容，不强迫他人。

（310）主动

主动的人会非常出色地完成任务，而且会习惯性地做到最好。到了这一层级，能量和意识的提升就会变得轻松且快速。这一能量层级的人是人类进步的主力军，他们通常友善而真诚，在生活、经济和社会方面取得成功，乐于帮助他人，对社会进步有重要贡献。

这一层级的人很少遇到成长障碍，通常具有较高的逆境商数，能够看到自己的不足并积极调整。总的来说，他们已经基本摆脱了骄傲与固执。大多数大企业的管理层、中高级技术人员、中小型企业经营者及优秀的从业者都属于这一能量层级。

（350）宽容

这个层级的人开始明白自己才是命运的主宰者和创造者，他们意识到，没有什么外在的东西能真正让他们愉快或痛苦，爱是由内而外的流露，而不是可以被给予或剥夺的。他们会为自己的生活负全部责任。他们对生命秉持宽容与接纳的态度，这意味着让生活如它原本的样子进行，而不需要去刻意塑造。宽容的人对评判对错没有兴趣，也不会用好坏的标准去看待任何人。他们不愤世嫉俗，不计较，不憎恨，同时愿意贡献自己的力量去帮助周围的人。

这些人不太计较短期的得失，比较注重长期的、可持续发展的目标，具备良好的自律和自控能力。大多数优秀的管理者、成功的企业家、优秀的老师、杰出的技术人员都属于这一能量层级。

（400）明智

当人们超越了情感化的较低能量层级后，就会进入理性的范围。这一能量层级的人特别注重坚持学习、大量阅读、专业咨询，通常具备丰富的知识储备和专业技能。

那些诺贝尔奖获得者、政治家、杰出的大企业家、行业领袖、不同领域的高级专家,以及历史上众多杰出的发明家、医学家、哲学家和教育家等都属于这一能量层级。少数处于350能量层级的人能够通过成长上升到这一级别。

然而,处于这个能量层级的人因其在自身领域特别成功,也会产生一些局限性,如过于信任和依赖已有的规则和逻辑。理智本身也是通往更高能量层级的障碍,因此,能够超越这个能量层级的人非常少。

(500)爱

这里的"爱"指的是"无条件的爱",是恒久、不变的爱。它不是传统意义上的情爱,因为很多愤怒和依赖的情绪也往往打着爱的旗号,一遇挫折就马上转化为愤恨,这样的爱并不是真正的爱。

处于这个能量层级的人,他们的爱是不动摇且不来自外在的,而是源自内心、没有评判且始终如一的。具备这种爱的人有无限的动力,他们的宽容和滋养能力可以为周围的人带来非常高的能量。这是一个真正让人幸福的能量层级。

上升到"无条件的爱",对于一个人来说,是一个神圣的跃迁过程。他会把付出和爱当成生命的目标,超越世俗的奋斗目标。留下不朽作品的艺术家、致力于人类觉醒事业的心灵导师、以帮助他人为己任的慈善家等都属于这一能量层级。

自身的平静、自身精神的觉醒和支持他人觉醒是这个能量层级的人的使命。大量数据表明,世界上只有千分之四的人能够成长到这一层级。

（540）喜悦

当一个人具备了无条件的爱，并且这种爱越来越无限时，他就会产生内在的喜悦，这种喜悦是由内而外的。这一层级的人开始拥有明显的疗愈能量、意念能量和促使人精神独立的能量。许多高级心灵疗愈师都属于这一能量层级。

处于这个层级的人拥有超强的耐性和持久的乐观态度，他们也许会选择简朴的物质生活，内心却充盈强大，拥有天然的心想事成的能力。

（600）平和

达到这个能量层级的人会探索生命的真正意义和目的，追求自我意识层级的不断提升，并将帮助更多的人觉醒和实现心灵成长视为使命。

据说，一千万个人里才会有一个这样的人。人一旦达到这个层级，内在和外在就不再有区别。在这个能量层级的人眼中，整个世界是完美且不断流转的。

（700～1000）开悟

这是一个理论上的能量层级，是人类意识进化的顶峰，即合一、无我。

第八章　如何养出健康向上的孩子

让花成花，让树成树

对于现在的父母来说，如何支持孩子成为更好的自己，是非常重要且无法重来的"现场直播"般的挑战。那么，综合各种因素来看，要让孩子成为更好的自己，我们需要从多个方面来考虑。

天　赋

天赋往往是来自父母双方家族基因的礼物。我们不得不承认，有的人天生唱歌好听，有的人天生四肢柔软适合跳舞，而有的人不管怎么练习，都可能五音不全或四肢僵硬。这些天赋上的差距，真的可以通过后天的努力而得到弥补吗？答案是可以练到优秀，但如果想要追求卓越，往往需要依赖天赋。

霍华德·加德纳（Howard Gardner）博士提出了多元智能理论。他指出，人类的智能是多元化而非单一的，主要由语言智能、数学逻辑智能、空间智能、身体运动智能、音乐智能、人际智能、自我认知智能、自然认知智能八项组成。

一个语言智能比较高的孩子，他在幼年学说话和跟大人沟通的时候就能展现出独特的语言能力，进入学校之后也会对语言类

女主力

的学科更加擅长。

说到数学逻辑智能，人们常说"学好数理化，走遍天下都不怕"，但是数理化真的是人人都能学好的吗？很显然，事实并不是这样。数学逻辑智能强的人，能够非常有效地进行推论、分类，以及复杂的运算和数学推演。这项能力的背后其实是对逻辑和其他相关抽象概念有非常好的理解能力。

空间智能是指对空间的理解和方位的构建能力。有的时候我们会感到诧异：为什么有的人记路那么容易，而有的人一出门就迷路？这其实是由个人空间智能的强弱决定的。空间智能强的人能够准确地感知空间及与空间相关的一切，他们在几何、设计、空间学等领域有独到且快速的学习和理解能力。

身体运动智能比较好的人，善于用身体来表达思想和情感，同时也擅长用双手去制作物体或操作工具。这种智能包括身体的技巧、协调能力、力量感、敏捷度和速度等指标。拥有这种智能的人往往适合从事运动员、舞蹈艺术家等需要高度精准操作的工作。

音乐智能强的人能够敏锐地感知音调、节奏、音色和旋律。他们对音律的敏感性非常强，具有与生俱来的音乐天赋，很有可能成为音乐领域的艺术家或从业者。

人际智能较强的人，特别擅长与人打交道。他们善于观察他人的情绪变化，能够很好地体会他人的感受，准确地捕捉不同人际关系中的暗示。在处理复杂的人际关系时，他们有良好的反应能力和高超的处理关系的智慧。

自我认知智能是指自我了解和自知之明的能力，也指能够根据自身现有资源选择适当行为的能力。在这方面拥有天赋的人，往往能够清晰地认识到自己的长处和短处，了解自己的内在和外在，明确自己的爱好、意向、目标，知道自己的性格特点，并擅长独处和深度思考。

自然认知智能指的是善于观察自然界中的动植物，并对它们进行分辨和分类的能力。拥有这项天赋的人往往同时具备强烈的求知欲和好奇心，拥有很强的观察能力，能够精准地感知不同事物之间的细微差异。

说到这里，各位父母是否留意到，虽然孩子们还年幼，但天赋早已写在了每个孩子的基因中。越早开启这些天赋，孩子就越有可能拥有一个既快乐又富有成长性的童年。

兴趣与热爱

了解了孩子的天赋之后，我们接下来需要了解的是孩子的兴趣。如果兴趣和天赋能够合一，那么自然是最好的；如果二者不能合一，那么我们要尽可能地支持孩子找到他既感兴趣又擅长做的那一件事情。天赋决定了孩子在这件事情上的成长速度，而由兴趣演变而成的热爱则能支撑孩子在这条路上走得更远。很多时候，我们忽略了热爱的力量。事实上，一个人如果对某件事缺乏深层的热爱，就很容易在遇到困难的时候半途而废。

举个例子，我们如果和很喜欢的人在一起生活，那么遇到困难的时候，会选择尽量去解决困难，而不是放弃这段关系；反之，

 女主力

我们如果和不喜欢的人在一起生活,遇到困难时,大概率会直接选择放弃这段关系。在养育孩子的过程中,支持孩子找到自己的热爱,并尊重他的兴趣爱好,往往是让孩子能够过得幸福且成功的关键。

孩子在年幼时往往会对很多事物感兴趣,此时,父母需要在他诸多的兴趣点中逐一筛查,最终锁定那件让孩子做起来既愉悦又得心应手的事。例如,一个有语言天赋的孩子,如果他喜欢读书和写作,这就是兴趣与天赋的完美结合。然而,如果一个孩子五音不全却又喜欢唱歌,那么音乐就只适合作为他的一个爱好,而不适合发展为专业、职业甚至事业。

优 势

很多人都知道,一个人如果想要成功,就一定要找到自身的优势。然而,大多数人错把兴趣或某一方面的天赋当成了优势。那么,优势究竟是什么呢?

$$优势 = 天赋 \times 兴趣 \times (投入的时间 + 精力 + 正确的方向)$$

可见,优势是需要人为地培养和经营的。

假设一个拥有音乐天赋的孩子,后天却并不喜欢音乐,或者虽喜欢音乐却从未学习过任何与音乐相关的知识和技能,那么,当他30岁的时候,音乐还能成为他的优势吗?对于家长来说,越早帮助孩子发现自身优势所在,越能让孩子尽早"赢在起跑线上"。

这个"赢"并不是要赢别人,而是要让孩子成为自己人生的赢家。

然而,大多数父母并不具备帮助孩子找到自身定位和优势的能力,甚至许多父母自身都未能活在自己的优势里。因此,很多人赚钱赚得很辛苦,回报却不高;或者即使有一份还不错的收入,他们仍感到不快乐。而那些能够活在自己的优势里,并且不断将其发扬光大的人,往往不仅能够获得丰富的物质回报,还能够收获很高的精神价值。因为他们时刻都在用自己擅长且热爱的事情创造价值,所以他们的回报率非常高。

如何找到自己的优势?又该如何帮助孩子尽早了解自己的人生优势呢?

在这里我向大家推荐一个全球公认的优势测评工具——盖洛普优势识别器。它通过180多道题目,结合个人的日常行为和思维偏好来确定这个人当下的优势。在盖洛普优势识别器的测评结果中,人类的优势被分为四大板块,有的与领导力和社交影响力相关,有的与事务的统筹规划和经营相关。完成这个测试之后,你就会知道自己的优势是什么。你未来巨大的成长空间,以及孩子未来专业、职业的规划方向,或许就藏在这些优势之中。

价值观

有一句话被越来越多的人认同,它是这样说的:"人生只有一种成功,那就是按照自己想要的方式度过这一生。"那么,什么是一个人想要的一生呢?这取决于每个人的价值观。

成功对于每个人来说都不同。有的人会说:"我要功成名就,我要积攒亿万财富,我要公司上市,我要人前显贵。"有的人会说:"我的成功是家人平安,我们一日三餐平平淡淡,我爱的人和爱我的人都平安喜乐。"也有的人会说:"我人生的最高成就,是在我所热爱的领域里面深入探索。"还有的人会说:"我希望我的一生无忧无虑、自由自在,不要有过多的牵绊和责任,想干什么就可以干什么,想去哪就去哪。没有人管我,我也不用顾及太多其他的人。"当然,这一切的前提是在法律和道德的边界之内。

由此可见,每个人的价值观虽不相同,但我们可以对它做一个简单的分类。总的来说,价值观按照维度的不同可以分为四个方面。

第一种是追求功成名就、名利双收的"高度价值观"。一位追求高度价值观的女性,想要让她回家做全职太太是非常困难的。为什么呢?因为在她的价值体系中,只有创造更多的成就、拥有更多的财富,这样的人生才是值得的。

第二种是"宽度价值观"。这是大多数愿意回归家庭、照顾家人的女性所持有的价值观。拥有宽度价值观的人,总是希望"你好我好大家好"。"如果可以让你更加成功一些,让你更加开心一些,我牺牲一些也是非常愿意的。"因此,如果一个拥有高度价值观的先生,搭配一个拥有宽度价值观的太太,那么这个家庭往往比较和谐、稳定。但如果夫妻双方都是高度价值观的人,那么就很容易出现家庭无人顾及、夫妻彼此竞争的状况,甚至可能会导致婚姻和家庭走向破裂。

第三种价值观,我们称之为"深度价值观"。拥有这种价值观的人往往会全身心地投入自己的热爱或天赋中。他们非常沉迷于所研究的事物本身，并从中获得成就感，而他们做这些并不是为了功成名就，只是单纯地喜欢。

第四种价值观是"自由度价值观"。追求自由的人，往往秉持着"今朝有酒今朝醉"的生活态度。说实话，这类人并不适合拥有一段长久稳定的婚姻关系。因为对于他们而言，"生命诚可贵，爱情价更高。若为自由故，两者皆可抛"。这就是自由度价值观的信奉者所践行的人生观。

一个人的价值观一旦形成，就很难有大的改变。一个家庭里面的人想要相处和谐，就要做两件事情：一是清楚自己的价值观；二是了解他人的价值观，并做到相互尊重、彼此配合。

聚焦优势、提升能力

定位—专业—职业—事业—使命

作为父母,除了为孩子提供基础的生存物质保障之外,更重要的是帮孩子找到人生定位的价值原点。当我们能够帮孩子发掘他们的天赋、了解他们的热爱,并将这些发展为他们的个人优势之后,就可以结合他们的价值观,协助他们做出人生中的专业选择。

这个专业选择的定位可以在12岁左右初步确定。当然也可以是三四个定位方向同时进行,因为这个时候孩子还小,有足够的时间探索。在初中到高中的六年时间里,我们一定要尽早帮孩子找到大学四年他们想要深入学习的专业。

如果孩子所选的专业与人生定位高度契合,那么大学时光将会是孩子从家庭过渡到社会的关键成长期。一旦孩子的专业与人生定位关系不大,则可能面临专业与职业目标脱节的问题。虽然跨专业发展并非不可能,但若四年的系统性学习与核心方向偏离,就会在职业起步阶段形成显著的沉没成本(已经发生且无法回收的成本,如时间、金钱、精力等)。

当然，如今社会上存在一种普遍的现象：很多人表示自己后来的职业和当初所学的专业其实毫不相关。之所以毫不相关，是因为大多数家长在孩子人生早期的关键定位阶段，未能帮助孩子选择最适合他们的专业，而是根据考试分数或者当前的就业风口做出选择。然而，"风口"往往是三年一换、五年一变，这样的窗口期对于孩子的一生来说太过短暂。因此，我们不如支持孩子成为他们自己生命中的"发电站"和"永动机"。此话怎讲？就是让孩子无论在任何情境下，都能基于自身独特的优势和人生定位，在他们所在的行业和赛道中成为佼佼者和领先者。这考验的并不是孩子的智商、情商或其他特质，而是父母早年的教育认知和对世界的认知。理想的定位路径通常是在青少年时期出现苗头，接着在大学时期通过专业学习得到加强，走出校园后成为职业，进而发展为事业，甚至成为使命。

话又说回来，一个人重要的定位时期是12岁到18岁，其次是当下。往后余生，时间还长，尽可能让自己活在高成长性和高回报率的定位里。

自我鼓励及自我充电

人生说到底是一场接一场的马拉松。在不同的人生阶段，孩子要面临的挑战与成长重点是不同的。古人言"父母之爱子，则为之计深远"，但我们不得不承认的是，即便我们再爱自己的孩子，也无法为他们遮风挡雨一辈子。因此，在能够陪伴、支持他们的时候，培养孩子"自我充电"的能力是一个非常明智的选择。

我常将人和手机作类比：手机需要时常更新软件、维护硬件且保持一定的电量才能正常使用，人也需要持续学习、保持身体健康且找到为自己补充"电量"的方式，才能在人生之路上走得顺、走得远。

因此，在孩子年幼时，观察并发现孩子喜欢的"充电方式"，是父母非常重要的功课。养育孩子的核心认知前提是把孩子当成独立自主的个体，而不是我们的复制品或附属品，要根据孩子的特质来养育他们。

或许有人会问："如果我的孩子只想玩、偷懒，不愿意努力怎么办呢？"事实上，无论是大人还是孩子，内心都渴望自己能展现出好的一面。很多时候孩子看似懈怠或消极的表现，往往是在传递信号：我们对待他们的方式错了，或者他们正处于"电量不足"的状态，急需得到关注和补充能量。

我家的三个孩子——属马的姐姐、属猴的妹妹、属猪的弟弟，他们的充电方式是不同的。姐姐喜欢独处时做手工，或是利用AI软件做一些她觉得有趣的探索；妹妹喜欢和她的玩偶玩耍，或者听音乐；弟弟喜欢找他的小伙伴一起玩游戏，或者美美地睡上一觉。如果让他们互换充电方式，反而会消耗他们的电量。姐姐会觉得玩玩偶是很无聊的事情，而让妹妹安静地做一会儿手工，她也会感到是一种煎熬。

其实，这个道理同样适用于成年人。亲爱的读者朋友，对你而言，行之有效的充电方式是什么呢？对我来说，坐在高铁的商务座上写课件，或者找个环境好的酒店大堂，点一杯咖啡，打开电脑投入工作等,都是我的充电方式。

在忙碌的工作和生活中,请一定记得定期给自己"充充电"。

人际关系经营能力

比起单纯关注孩子的学业成绩,我更想呼吁各位家长朋友多留意孩子在学校跟老师、同学的相处情况。学校里学到的公式和知识,将来未必都能用得到,但是在此期间他们养成的人际交往习惯,很可能会影响他们的一生。

我注意到一个不知算不算巧合的现象:很多成功的创业者,在学生时代未必都是成绩最好的,但那时他们的领导力与影响力已经初露锋芒。人是群居动物,学校是孩子从家庭走向社会的桥梁。在此期间,培养孩子的学习能力和社交能力尤为重要。

那么,如何帮助孩子在学校建立良好的人际关系呢?

首先,孩子要有自信。这份自信源自家庭给予的爱、关注、认可和支持。同时,孩子需要懂得与人相处的基本礼仪,并具备一定的情商。建议在孩子到了适当年龄时,给孩子适量的零花钱,方便孩子购买日常所需,或者用于简单的社交活动。

其次,引导孩子发自内心地尊重老师。这种尊重往往会引发孩子对相关学科的兴趣,进而使孩子取得更好的成绩。家长应避免在孩子面前拆学校或老师的台,否则可能会降低孩子对相关学科的兴趣,甚至引发孩子的厌学情绪。

最后,不同年龄段的孩子,他们的社交需求有所不同。幼儿园至小学低年级是社交启蒙期,需重点培养孩子的分享意识和基

 女主力

础规则意识；小学中高年级至初中是友谊的显著发展期，需引导孩子建立健康的友谊观，避免孩子陷入过度讨好和一味竞争的误区；高中至大学期间是价值观形成期，需尊重孩子的独立人格，避免强行干预。在成长的每个阶段，孩子会面临独特的挑战，需要完成不同的成长课题。愿我们能用心陪伴孩子度过这段成长旅程，帮助他们从容地越过风雨，迈向属于自己的星辰大海。

女主人的影响力

越来越多的事实证明,母亲对孩子的早期发展乃至一生的发展都有着至关重要的影响。

女主人的影响力主要体现在以下几个方面。

创造家庭中的情绪氛围

在过往帮助数千个家庭改善关系的过程中,我们发现,如果一个家庭的情绪氛围是稳定、包容且具有支持性和流动感的,那么,在这个家庭中长大的孩子就像是生长在肥沃土壤中的幼苗,能享受到充足的阳光和雨露。

为什么我们会提炼出"稳定、包容、支持性、流动感"这四个关键词呢?

首先,对于成长中的孩子来说,稳定是他们安全感和归属感的来源。经常有人问我们,对孩子到底应该严格一点还是宽松一点?我的回答往往是"各有利弊,但一定要一以贯之"。在孩子面前,父母的教育风格最好不要大起大落、突然转变。这也是为什么很多原本表现特别好的孩子,在经历养育环境的巨大变化之后,会突然像蔫了的幼苗一样，提不起精神蓬勃成长。

其次，包容。家是教导孩子明事理的地方，而这种教导，最好是在无条件的爱与包容中完成。很多父母认为，只有通过责骂甚至动手才能令孩子听话，实则不然。问题的根源不在孩子那里，而在于父母自身的认知和教导水平。在家中从未体验过无条件的爱与支持的孩子，很容易产生匮乏感和讨好感。这两者在其成年后，会成为他们人际关系中的慢性毒药。因此，一个正向且包容的成长环境对于孩子来说至关重要。

告诉一个从未得到过的人要学会付出，本身也是一种看似高尚的道德绑架。一个人愿意付出的前提，是他真实地得到过爱与善意，并且愿意将这份美好分享出去。

不要让正在挨饿的人发自内心地祝福那些吃大餐的人，而应切实地陪他吃点喝点，等他有力气了再说别的。

如果看到有人紧紧抱着自己的执着和所谓的拥有不放手，我们不妨再看得深一点，直到看清这背后未被看见的孤独和未被满足的渴望。

敢率先给予的人是特别幸运的，因为他笃定自己真的拥有。知道并珍惜自己所拥有的，本身就是一种难得的能力。

再次，支持性。互联网上有这样一句被很多人点赞的话："父母之恩来源于托举。"是的，一个欣欣向荣的家族大多来源于上一代对下一代的托举。正是在这样一代代的传承接力中，家族才能积淀深厚的底蕴。试想一下,同样的两个年轻人,一个需要扛着家族所有人的生计上路,而另一个在祖祖辈辈的托举下轻装上阵,他们未来人生的可能性和所能抵达的高度,在大多数情况下,可以说是高下立判。

最后,流动感。这里的流动感包含两种含义:一是有形的流动,指的是家庭中的金钱和物质往来;二是无形的流动,指的是家族成员间的情感交流。这两种往来越频繁、越友好,家族成员之间的关系就越融洽。人与人之间正是通过频繁的"流动"而变得熟悉与默契。在这种氛围中长大的孩子,自然会有流动意识,并且擅长在复杂的人际关系中找到属于自己的位置。

营造家庭中的语言氛围

女主人在教导孩子的时候,还有一个非常重要的潜移默化的作用,那就是塑造家庭语言的表达习惯。时至今日,人们已经越来越能够意识到语言表达的重要性,但依然有不少人还没有充分认识到它的深远影响。

那么,在家庭的语言表达习惯中,怎样与孩子交流,才能培养出积极乐观、善于沟通的孩子呢?

这里也有四个关键词,分别是真诚、允许、肯定、同频。一个人的表达是否让人舒服,跟他的话多话少没有太大的关系,而是与他表达时的真诚度密切相关。人与人的沟通和交流看似是用语言在进行,事实上大多数时候取决于表达者的状态与情绪。因此,在与家庭成员沟通时,始终保持真诚且重视的态度,比说什么更

重要。

在与孩子交流的过程中,要尽可能地为他打开自由表达的空间,而不是限制他的想法,这就是我们提到的第二个关键词——允许。允许他的想象力,允许他与我们不同,允许他在安全的边界内勇敢探索,做真实的自己。同时,我们的语言中应包含肯定和正向的词语。

在这里,我想分享一个关于语言表达的小锦囊,叫作"阳光灿烂表达法"。这是什么意思呢?就是尽可能在措辞中避免出现负面词汇。当我们要表达一些相对不正面的意思时,我们应该怎么做?例如,如果想说一个人懦弱,我们可以说:"你可以再勇敢一点。"如果想说一个人邋里邋遢,我们可以说:"我觉得你养成一些良好的卫生习惯之后,生活会变得更加美好。"意思还是同一个意思,但是语言中的善意与恶意、指责与支持是可以立刻分辨出来的。

最后一个关键词是同频。因为同频才能共振,才能交流。语言从来不是单向的输出,而是为了让沟通双方达成共识。一个良好的语言环境,不仅有利于孩子文科的学习,还能提升他的情商与人际交往能力。这些都是非常重要的。

第九章

金钱的特性与创造法则

金钱与关系

丰盛,本身是一种能量状态。当我们长时间处于这个振频,内心自然而然就会生长出安稳与富足。

家庭女主人的财富认知极大地影响着整个家族的命运走向。接下来,我们谈谈金钱这个话题。

一个兴旺之家,往往始于一个成长性极佳的女主人与一个创造力和责任感皆强的男主人相遇相知,而后结为夫妻,组建家庭,并且创造出良好的物质基础。

本章并非单纯地探讨如何变得更有钱,还包括如何更好地与金钱相处,与金钱建立一种良性循环的关系,让我们在金钱方面越来越富足的同时,也能享受到更多的喜悦、轻松和满足。

金钱关系,绝对不单单是与数字的关系,而是一个人综合能力的体现。想要好的金钱力,首要条件是我们身体健康、情绪稳定,以及最重要的几个关系不消耗我们的能量。如果我们在这些方面还有不足,那么相较于金钱关系,优先调整这些方面才是更重要的。这是提升财富力的前提。

金钱究竟是什么?

第一，用于交换物品的货币。

货币是经济学中的专有名词。金钱可以指货币，但通常我们不会把货币称为金钱。

在历史上，贵金属金银由于具有体积小、价值大、易于分割、不易磨损、便于保存和携带等特点，逐渐固定地充当了货币，故当时的货币被称为金钱。后来，纸币由于制作成本低，更易于保管、携带和运输，可避免金属货币在流通中的磨损，便逐渐取代了金属货币，但我们仍保留"金钱"的称谓。

第二，物质身体的服务工具。

到了这一部分，有些朋友可能会感到困惑：这是什么意思呢？接下来的这句话，可能会颠覆你以往的一些认知。

金钱存在的重要意义，就是服务于我们的物质身体和物质生活。

举个例子，我们所能想到的金钱的每一种用途，最终都会直接或间接地服务于我们的身体。例如，我们购买吃的（食物）、喝的（饮料等）、住的（房子），是为了满足身体的基本需求；我们买飞机票出门旅行，是为了让身心得到放松；我们购买课程去学习，是为了让身心得到健康成长……

现在你可以随意列举金钱的用途，最终你会发现，金钱的有效流动，归根结底都作用在了我们的身体上。因此，我们得出一个非常重要的结论：

为了赚钱而伤害身体的事，都是不值得的；花了钱还伤害身

体的事,都是傻事,是真正赔本的买卖;既能让我们赚钱又对身体好的事,都要大做特做。

因此,身体越好,精力越旺盛,财运就越好。

每个人都应该找到独属于自己的创业"体质"——找到那件越忙越快乐、越忙越起劲的事。这件事也许不是所谓的"热门赛道"或"暴利行业",但往往与我们的天赋特质、深层热爱和价值观高度契合。

第三,人际关系里爱的流动。

金钱除了是货币和服务于我们物质身体的工具之外,同时还代表着人际关系中"爱"的流动。我们大多数时候爱的未必是金钱本身,而是它能为我们及所爱之人带来的东西。因此,在过去金钱关系的分享中,我经常提到一句话:"让爱和钱同进同出。"这是为什么呢?因为在很多人的固有认知中,他们觉得谈爱伤钱、谈钱伤爱,认为谈感情会损害金钱利益,谈金钱又会伤害感情。其实,好的关系一定是能够顺畅地谈钱的关系。

在这里,我想问大家一个问题:假如你拥有很多金钱,你最想做的五件事情是什么呢?

这个问题我之前问过很多人,答案大多相似:给自己的父母买一套好房子,给伴侣买个贵重的礼物,为孩子创造一个良好的教育环境,把自己所爱之人照顾好之后,自己可能会出去旅游,或者更具大爱的人会想用自己的金钱为所关心的群体提供一些帮助……

因此，你会发现我们对钱的渴望其实是对爱的渴望，是对爱的流动的表达。当我们能够想通这一点之后，是不是就能在生命中建立起一种让金钱和爱同进同出的和谐的金钱关系呢？

其实，我们与金钱的关系，往往是通过付出金钱来表达爱。这句话怎么说？我们如果不爱这个人，不爱这个商品，不爱这个品牌，不爱我们所要付出的金钱及其背后所代表的意义，是很难为此掏钱的。因此，我们常听到这样两句话：一句是"你有多招爱就有多招财"，另一句是"接受金钱感受爱"。只有在被爱的时候，我们才可能有更多的金钱流入。彼此之间有金钱流动的人，他们之间的关系往往是不同的。因此，金钱的流动往往发生在亲近、友爱的人之间。你是否同意这个说法呢？

第四，个人价值的社会体现。

金钱还有一个重要意义，就是它是个人价值的社会体现。在《纳瓦尔宝典》这本书中，金钱被定义为社会给创造价值的人写的欠条。这是什么意思呢？例如，我们工作了一个月，单位会给我们发放工资作为报酬，这代表了我们过去一个月内创造了一些社会价值，而我们暂时不需要从社会上得到回报，于是我们所创造的这部分价值，就会以"金钱"的方式被存储在我们这里。

社会价值本身具有多个维度。我们如果想在社会价值层面获得更好的金钱关系，通常需要满足以下几个条件：

首先，生产产品。例如，一个矿泉水生产商将生产的矿泉水推向市场，通过销售产品来换取金钱。

其次，提供服务。服务业在社会中不可或缺，如餐饮、家政

及文娱类提供情绪价值的产业。

最后,解决"痛点"或创造"爽点"。通过某个产品或某项服务,解决某一群体的问题,减轻他们的痛苦,从而获得报酬。与解决"痛点"相对应的,就是创造"爽点"。如果能为特定人群带来愉悦,为他们提供正向的情绪价值,同样能够赚取金钱。

第九章　金钱的特性与创造法则

财富流动的法则

金钱的流动法则涉及理解和应用金钱的流动性本质，这是一种将金钱视为能量和资源交换的思维方式。这些法则通常与如何有效地吸引、保持、增加和使用财富有关。

了解金钱才能更好地吸引金钱、运用金钱

金钱是流动的能量：就像水流不停地前进、不断地变化形态一样，金钱也是在不断地流动和变化的。它不是静止的积累，而是动态的交换和流通。

吸引而非追求：对金钱的态度要像对待一只蝴蝶，不是去追逐，而是创造一个适宜的环境让它自然而然地飞来。心态积极、常怀感恩之心的人更容易吸引财富。

流动性是关键：囤积金钱如同堵塞了河流，阻碍了其自然流动。合理消费、投资和分享可以促进金钱的健康流动，带来更大的财富。

内心信念的力量：我们对金钱的看法深刻地影响着我们的财富状况。积极和健康的金钱观念是财富增长的基石。

自我投资的智慧：投资于自己的成长和发展，往往是各类投

 女主力

资中非常有价值的。这种投资回报不仅包括财富的增长,还包括个人的成长和满足感。

智慧地运用:明智地使用金钱意味着不仅要满足当下的需求,还要为未来打下基础。

感恩与分享:对所拥有的感到满足和感激,并愿意与他人分享,这不仅是一种美德,还能为我们带来更多的内心的平静和外在的财富。

在此,我想请大家特别注意金钱与情绪的关系,分享一些可能会被我们忽视的两者之间的关联。

首先,金钱与习惯性辛苦付出的人的关系往往不太好。一个人如果认为金钱是需要辛苦付出才能获得的,就很难轻松、从容、愉快地创造财富,而一个人辛苦付出的极限往往也是他创造财富的极限。

于是,社会上便出现了一种令人唏嘘的现象:越是觉得赚钱很难的人,越难赚到钱。与此同时,那些认为赚钱只能依靠辛苦打拼的人,对财富的认知往往局限于金钱必须通过出卖体力或时间来获得。他们在投资资产、整合资源、创造高价值方面,以及对直击人们痛点或者满足人们需求的产品等的认知水平相对较低。

其次,金钱与另一类人的关系也较为疏离,这类人认为金钱和良好的人际关系是不可共存的。

打个比方,一个人如果在创造财富的时候,把合作伙伴、客户、上下游都视为对手和提防的对象,而不是携手共赢的伙伴,虽然他能在一段时间内凭借精打细算的经营方式赚取到一些财富,但

时间会检验出他为人处世的风格,久而久之,他的合作伙伴、客户、上下游都会在其错误认知的影响下纷纷远离他。

当今社会,人脉就是钱脉。一个没有长久、良好合作关系的商家,注定难以行稳致远。

最后,满心愧疚的人也难以拥有良好的金钱关系。常言道"亏妻之人百财不入",此话不虚。一个亏待自己妻子的男人,他无论如何为自己的行为辩解,心里都清楚自己有错。因此,你很难看到一个做错事或者欠钱不还的人能够拥有一个很好的创造财富的机会和未来。为什么呢?因为一旦一个人心里知道自己亏欠他人,首先受损的就是他的金钱关系,他甚至会让自己过得不好来告诉别人"其实我也是迫不得已"。

接下来,我们谈一下与金钱相关的六个内在要素。

第一,匮乏感。一个内心充满匮乏感的人,在面对金钱时往往会表现出强烈的贪欲。这类人其实是非常容易上当受骗的,他们做事缺乏长期主义的眼光,没有对积累价值的认知,因此,他们只愿意赚快钱,无法让自己静下心来,根据不同的经济周期做出恰当的调整。

第二,价值感。与匮乏感相对应的就是价值感。一个自我价值感比较高的人,能够清晰地识别金钱的播种期、耕耘期和收获期,能够接受延迟满足和长期主义。他们能够从多维度同时看到很多事物的价值,而不仅仅是聚焦于金钱的短暂流动。

对于一个价值感高的人来说,成长是价值,经验是价值,甚至在受到伤害后,他都能够从中提炼出价值来。一个能够在每件事情上都有高价值收获的人,他的金钱关系是不会差的。相反,那些价值感低的人,往往表现出"十分耕耘,只敢要一分收获"的小心翼翼的态度。如果一个人的内在价值感比较低,那么他首先要做的不是更加努力地工作,而是要去探究是什么让他将"独一无二"的自己误认为是一个低价值的存在。

第三,创造力。我们发现,有的人遇到问题往往能找到解决办法,而有的人遇到困难首先想到的是放弃,这与他们的创造力强弱密切相关。

一个有创造力的人,是"遇河能搭桥,遇山能修路"的人。对于创造力强的人来说,世界上处处是机会。而对于创造力较弱的人来说,世界上的一切都可能是困难。那么,创造力要如何培养呢?首先,我们要找到自己热爱的事情;其次,在我们所热爱的事情里,找到自己最擅长的;最后,在热爱且擅长的基础之上,找到对口的专业,发展为职业甚至事业。要知道,一个人只有在自己热爱且擅长的领域,才能发挥出很大的创造力。

第四,金钱的承载力。很多人都渴望拥有巨大的财富,但他们并不知道拥有巨大财富的前提是拥有巨大的承载力。那么,承载力与什么相关呢?它主要与两个方面有关:一是我们身上所承担的真实的责任。例如,一家拥有1000名员工的上市公司老板,他的金钱承载力会因他的责任而变得比普通打工人强。二是我们过往的积累和手头的资源。一个认识5000个人且这些人都愿意成为他的客户的人,与一个微信上只有10个联系人的人相比,他们的金钱资源所带来的承载力显然会有很大的差异。

第五，亲钱感。"亲"是亲热的亲，"钱"是金钱的钱，"感"是感觉的感。之所以把这三个字拆开来讲，是因为不同的人在面对金钱时的态度大相径庭，有的人是天然地向往、喜欢，有的人是回避、不好意思、感到羞愧。这种态度恰恰决定了我们与金钱关系的远近。一个对金钱有天然亲近感的人，他的财运通常不会差；而一个面对金钱感到不好意思或羞愧的人，往往会错失很多创造财富的机会。

第六，罪恶感。当我们意识到自己做了一些不恰当的举动，或者有一些该完成却未完成的事，再或者我们的原生家庭有一些该平衡而未能平衡的事情时，我们的内心往往会产生罪恶感。一个满心都是罪恶感的人，会从三个层面来破坏自己的生命。

第一个层面，他会破坏自己的金钱关系，如钱借出去收不回来、入不敷出，或者刚赚到一笔钱就遇到非花不可的情况。

第二个层面，破坏人际关系。一个认为自己不够好的人，是没有办法与其他人相处融洽的。当一个人心里有愧疚感、罪恶感时，他就很容易因为看自己不顺眼而看身边的人不顺眼，从而导致自己的人际关系一塌糊涂。

当一个人既破坏了金钱关系又破坏了人际关系时，他的情绪一定不好。因此，到了第三个层面，他会开始损害自己的身体健康。众所周知，大多数身体疾病最初是由情绪引发的。甚至到最后，这些负面情绪可能会危及生命。

我们如果想要改善与金钱的关系，就一定要先理顺自己内在关于金钱的情绪及限制性信念，同时建立一种让金钱和爱同进同

女主力

出的认知模式。

金钱的十条流入管道

在对金钱有了基础认知后，我们来聊一下如何搭建正向、健康的金钱流入管道。每个人或每个家庭至少应该拥有五条金钱流入管道，拥有三条以下金钱流入管道的家庭，其金钱关系往往不够稳定，尤其是现金流的风险会比较高。此刻不妨问问自己，你和你的家庭有几条金钱流入管道呢？

在社会层面，每个人都可以搭建的金钱流入管道通常有以下十条，现在就逐一为大家介绍，希望能帮助大家在未来的日子里搭建更多健康、稳定且适合自己的金钱流入管道。

第一条金钱流入管道叫"个人体力换钱"。顾名思义，就是通过付出体力劳动来换取金钱，如环卫工人、按件计费的装卸工、外卖小哥、钟点工等。这种方式的优点是付出就有收获，多劳多得，而且回报周期比较短，大多是按时计费的，能较快见到劳动成果。然而，它的缺点是相对辛苦，时薪不高，且收入缺乏保障。

第二条金钱流入管道叫"个人时间换钱"。乍一看好像与体力换钱相似，实则有很大的不同。这类人通常是工作时间比较规律的上班族，如白领、老师、体制内的工作人员等。他们以出卖固定时间段的劳动力来赚取月薪。这条管道的优点是相对稳定，偶尔可以请个事假、病假，也有基本的收入保障。但是，每一条金钱流入管道都有它的风险。单纯依靠时间换钱，或者说那些看似"铁饭碗"的稳定工作，有可能会因为行业的更迭而遭遇职场

危机，而且收入增长的速度可能跟不上物价的攀升速度。这类人对行业的经济周期和企业属性有很强的依赖性，一旦行业不景气或者企业出现变故，个人财务状况便可能受到影响。

第三条金钱流入管道叫"个人能力换钱"。这里指的是通过创造某种他人所需且愿意为之付费的价值来赚取金钱，如艺术家、设计师及某行业的专家或导师等。凭借个人能力换钱与前两者不同的是，如果做到卓越，可能会拥有很高的时薪，甚至名利双收。举个例子，一位钢琴老师将自己的体力、时间和能力叠加，向学生传授技艺时，每小时收入可达数百元甚至上千元，而仅仅通过个人体力和时间换钱的人，往往没有这么高的时薪。

想要通过个人能力赚钱，往往需要漫长的积累过程。然而，很多依靠个人能力赚钱的人却只能养家糊口，这时就需要清晰地认识到个人的天赋、优势和定位，并规划合适的个人商业模式。

第四条金钱流入管道是"懂得卖的能力"，即成为优质产品的代理或销售，赚取佣金和提成，如近些年兴起的带货网红，或者是一些已经成熟且口碑良好的直销或分销品牌的销售人员。它的优点是工作时间相对自由，个人收入和业绩直接挂钩，多劳多得，有激励性，同时非常适合作为副业增加收入。当然，对于大多数人来说，销售能力并非与生俱来，需要后天的刻意学习与反复练习。这条金钱流入管道更加适合那些擅长与人打交道的人。

第五条金钱流入管道是"经营或者投资公司当老板"。随着社会的不断进步和发展，越来越多的人选择自主创业，或者与别人合伙开公司，或者投资一些好的项目。这条金钱流入管道的优点是若能形成正向的商业闭环,往往会带来比较高的金钱回报。但风险是,如果公司或者项目并不赚钱,"老板"就要成为最终兜底、买单离场的人。

第六条金钱流入管道其实是很多人没有意识到的,我们把它称为"特殊角色带来的金钱流入",如退休金、抚恤金、子女津贴等。这条金钱流入管道更像是前期的积累或社会体制对特定人群的特殊关照,有的时候不需额外付出便能获得。但通常情况下,没有人希望长期依靠这一条金钱流入管道来生活,因为它通常与不理想的生活状态相关。

第七条金钱流入管道,我们称之为"资产生钱的金钱创造",意思是利用自身所拥有的资产创造正向的现金流,如写书获得的版权收入、房产出租所得的租金、公司股份分红、所购保险的年度返利,以及个人或公司专利的出租/出售所获取的报酬等。我们如果拥有一些优质的生钱资产,往往可以实现"睡后收入",这也是实现财富自由的关键。但在当下较为复杂多变的经济环境中,选择优质资产及避开"现金流黑洞"资产的难度越来越大。

第八条金钱流入管道是"资产增值",即低价购入资产后高价卖出,赚取差价,如房产、品牌、股权,以及具有稀缺性的艺术品和具有时间价值的产品。它的优点是可以带来可观的利润。举个例子,我们如果在2000年买了北京的房产,再在2016年将它卖出,保守估计能获得300%的增值收益。不过,这种方式也有它的风险,就是门槛很高,而且在当下很难找到这种稳赚不赔的资产。因此,大家一定要综合考虑自身的现金流及风险承受能力。

第九章　金钱的特性与创造法则

第九条金钱流入管道，我们称它为"意外之财"，如中大奖、抢红包、事故赔偿或继承遗产等。它往往是由生活中的一些偶然事件带来的，我们并不能把它当作一条常规的可搭建的金钱流入管道，因为它往往是小概率事件，且可能伴随着一些我们不希望发生的事情。

第十条金钱流入管道，其实也是金钱流入背后的一个隐形逻辑，叫作"被爱"。例如，小时候我们没有任何赚取金钱的能力，可是因为父母和其他长辈爱我们，他们就会给我们零花钱，就会用他们的金钱养育我们；恋爱时，情侣之间会相互赠送礼物；粉丝因为喜欢某位明星，所以购票来支持偶像的电影；当我们年事已高，子女出于孝顺，会赡养我们。伴随着爱与金钱的同时流动，这条金钱流入管道是非常美好的。同时，我们务必牢记"你有多招爱，就有多招财"这句话。在现代社会，能否提供情绪价值，以及能否让自己拥有爱与被爱的能力，在很大程度上决定了一个人能否拥有幸福的家庭、和谐的人际关系等。

以上十条金钱流入管道中，你和你的家庭现在拥有多少条呢？每一条的年化现金流入是多少？倘若你有五套商铺正在出租，那么这就算是五条金钱流入管道。

最后，我跟大家重申一下搭建金钱流入管道的几个原则：第一，让金钱流入伴随滋养和贡献；第二，选择具有增值潜力的收入渠道；第三，减少消耗性支出；第四，增加投资类支出；第五，也是最重要的一点，时刻谨记自己是最重要的增值资产，一定要让自己越来越值钱。

如何塑造良好的金钱关系

在这里，我们重点探讨一下如何让自己成为越来越值钱的资产。

一个持续增值的人往往是一个充分接纳自我、爱自己的人。怎样判断自己是否是一个接纳自我且爱自己的人呢？如何确定自己与金钱的关系是否良好呢？这里有一些标准，大家可以一一对照。

第一，对自己没有限制性的负面评价。世界上给我们最多"差评"的人，往往不是他人，而是内在的自己。当我们面对一件事情，觉得自己没有做好时，跳出来批评、否定我们的，通常是我们自己内在的声音。一个对自己有很多负面评价的人，是不可能做到充分的自我接纳，也不可能懂得全然无条件地爱别人。

我们对待外界他人的态度，其实反映了我们对待自己的方式。一个与金钱关系良好且财富持续增值的人，大多对自己负面、限制性的评价较少。

第二，重视自己的身体。身体是革命的本钱。我们的身体如果感到疲劳，或处于亚健康甚至疾病状态，我们就无法承载很多美好的事物。身体既是我们行走在世间的载体，也是我们体验人生这场旅程最重要的工具。因此，无论何时，我们都不要为了金钱而损害自己的身体。

第三，始终清晰地知道自己是自己人生的掌舵人。做一个目标清晰，并且能让自己的思想、语言、行为都围绕这个目标坚定前行的人。人生最怕的是纠结和反复，当我们坚定地朝着目标前进时，无论速度快慢，最终我们都将有所成就。

第四，珍视自己，同时尊重他人的时间。这里有一个关于运用金钱的小窍门：向上社交和买认知，向下买时间。我们可以让金钱流向那些比我们懂得更多、更有能力的人，向他们学习，从而助力自己成长，实现自我升值。同时，我们还可以向下买时间。这句话是什么意思呢？这里要引入一个概念——时薪，顾名思义，即一个小时的工作价值。如果我一个小时的有效工作时间价值是1000元，那么我就可以每小时花费100～200元聘请专业的家政人员帮忙打扫卫生、做饭，从而节省时间，创造更高的价值。

第五，一个爱自己的人，一定会维护好自己的口碑。能否赚到钱，并非完全由我们决定，但是能否让自己拥有好口碑，是我们每个人可以通过自己的努力和经营做到的。口碑往往由三个部分组成。

第一个部分众所周知，即在别人眼中，我们是什么样的人。如果人人都说我们是靠谱、可信的人，新的资源和机会就会源源不断地来到，反之则可能错失良机。

第二个部分是关于如何对外谈论他人的。如果一个人的嘴里

 女主力

没有说过别人的好话,那么请相信,无论他口中的"坏人"是否真的坏,这个人一定是不可深交的,毕竟口碑在很大程度上是由我们自己日常的表达积累而成的。

第三个部分,也是容易被很多人忽略的部分,即我们如何对外介绍自己。这是一个"酒香也怕巷子深"的时代,如果你是一个人品正直且专业能力强的人,那么我特别希望你有一套行之有效的自我介绍、自我推广、自我营销的方式。一个总说自己不行的人,哪怕他真的很行,别人也会认为他不行。

第六,尽可能地与更多的人共赢。人生在世,总是免不了跟别人打交道。人是社会性动物,而一个总是跟别人竞争的人,很难有长远的发展。一个人成功的概率,往往与有多少人希望他成功相关;一个人能赚多少钱,与有多少人希望他赚到钱紧密相连。生意的本质是利他,生意的目标是共赢。我们能与多少人达成共赢,就能够取得多大的成功,获取多大的利益。因此,要尽可能地跟更多的人实现共赢,获得来自四面八方的助力与支持。

第七,消除对金钱的限制性评价。一个对金钱没有限制性和负面评价的人,往往拥有更加松弛且丰盈的金钱关系。那么,关于对金钱的评价,我们可以从三个方面来自我对照。首先,问自己几个问题:我如何看待金钱?有钱代表什么?没钱又代表什么?其次,我面对金钱的时候,真实的感受是什么?我的身体是愉悦的、松弛的,还是回避的、紧缩的?面对金钱时我们如果有莫名的紧张感,就需要去探索紧张背后阻碍我们与金钱自由流动的卡点。最后,我如何看待自己与金钱的关系?我认为自己是一个有钱人

还是一个穷人？如果我是一个有钱人，那么有钱的坏处是什么？如果我是一个穷人，那么贫穷的好处又是什么？

第八，尽可能地尊重并接纳更多。常言道"水低成海，人低成王"，尊重和接纳越多、姿态越谦卑的人，好的资源、人脉、钱脉就越会向他流动。尊重他人的时间和资源，就可以给自己种下很多正向关系的种子，而这是一个人重要的无形资产和未来财富的来源。

第九，顺应周期。金钱的流动同样遵循自然规律，有播种期、耕耘期和收获期。在播种期，要确保自己手上的现金流足够维持生活，并且有足够的"种子"可以撒进金钱的"苗圃"里；在耕耘期，要好好地经营自己的事业，不急于求成，要有长期主义精神；在收获期，要把自己该拿到的拿到手，把该分出去的分出去。

身边很多人跟我接触久了，会跟我说："最初以为你只是命好，长时间相处下来后才发现并不是这样的。"那到底是什么让一个人看上去命很好？

首先，要有完整的框架化思考和系统性预判的能力。什么是框架化思考？就是对一个人、一件事的完整性与合理性有一个综合的判断，能够洞察其中的真实与不实之处。

什么是系统性预判？要知道，很多失败的苗头在很早之前就已显现。例如，一个在小事上推卸责任的人，肯定扛不住大事；一个总是说自己多厉害的人，早晚会"碰钉子"；而一个真诚、感恩、利他且努力的人，人生一定会持续向好。

 女主力

其次,永远要为自己留有余地,即底牌和退路,甚至要有底牌之后的底牌、退路之后的退路。一个人在人生路上能走得多高、多远,不仅要看他顺势起飞时能有多大的冲劲儿,也要看他在逆境中抗风险的能力有多强。方案A人人都有,方案B只有高手才有,方案Z则是人生赢家的标配。只有那些永远不会输掉生存基础的人,才有持续赢的可能。

最后,虽然永远有底牌、有退路,但在该出手、该努力的时候,必须拿出没有退路的决心与投入。很多人以为80%的投入会换来80%的成果,其实不然。80%的投入和100%的投入所换来的成果差异,就如同高考500分与625分之间的差距,甚至更大。

要始终以最好且最放松的状态,做出最佳的选择。其实,最佳选择往往不是当下看上去最好的,而是在未来具有最高成长性的。如果我们能尽早想明白这一点,那么"一年顶十年"的高效人生自然会出现。

第九章 金钱的特性与创造法则

富而有爱的财富锦囊

很多人对创造财富这件事情充满了好奇和向往,然而,大多数人终其一生也没有系统地了解过财富究竟是如何产生的。财富可以分为三种:第一种是金钱,用于维持我们的日常生活及经营所需;第二种是资产,也就是可以用来产生正向现金流的生产资料;第三种是能量,它可以流动,虽然以无形的状态存在,但深深地影响着有形的物质。

我们如果想要了解财富是如何产生的,就要弄清楚资产、资源和资本三者之间的关系。资产是指能够带来正向收益的事物,资源是指可以当作外部杠杆的条件或要素,资本则是我们可以用来投入和投资的价值载体。创造财富的过程,就是投入资本,运用资源产生资产,再将资产所带来的收益作为新的资本和资源重新投入,形成一个正向循环。这样,我们的财富就可以稳步增长。

整个宇宙都可以是你的资源,前提是你得撬得动它。资源的整合与匹配能力,往往需要天赋异禀或世代积累,同时兼具知人之智和自知之明。

 女主力

　　如果一个人是你的底牌，去维护他而不是消耗他；如果一个团体是你的归属，去为它增光而不是招黑；如果你是自己的底牌，那就去成长精进而不是敷衍人生。底牌是人生至关重要的资本，需要持续正向地投入，不断积累它的势能。

　　投资是做确定性正确的选择，再通过灵活调整来增加回报，而不是什么都不确定就往里冲。盲目投入叫投机，俗称"赌博"，结果往往十去九空。

　　接下来，我们共同探讨一下人与金钱之间常见的九种关系，以及对应的改善方法。

　　第一种，亏钱。这指的是当前的金钱关系有入不敷出或者是负债大于总资产的情况，也就是净资产为负数。处于这种状态时，我们需要系统地根据前文所述来重新梳理自己的金钱关系，找到自己金钱关系中的漏洞并进行修补。要知道，处于亏钱状态的人生，或多或少地存在一些金钱关系方面的漏洞。

　　第二种，没钱，即收入等于支出。这里需要重点区分的是真没钱，还是心理上感觉自己没钱。如果是真没钱，就要考虑重新搭建自己的金钱流入管道，让自己尽可能开源节流，从而创造一些结余。如果感觉自己没有钱或一直处在没钱的焦虑中，我们就要清理一下自己对金钱的负面认知，让自己先从内在对金钱的感受稳定、松弛下来，然后外在的财务状况也会随之改善。

　　第三种，正在赚点小钱。通常处于这种情况的人，大多是赚取单位时间的工资，有一份本职工作，或者同时还有一些比较基

础的副业，如通过低买高卖等方式创造一些正向结余。在这种情况下，他的房产可能是租来的，也可能是自住的，同时往往没有可以用来生钱的资产。当我们有了点小钱之后，需要做好三件事：一是尽可能地去积累第一桶金，以便日后用于正向投资；二是寻找能够产生正向现金流的资产；三是把资金投资在对自身有帮助的学习与技能训练上，让自己逐渐成长为一个越来越值钱的人。

第四种，中产。这是人与金钱关系的一个分水岭。中产又分为在比较年轻的时候成为中产，或者在年长之后成为中产。在我过往的观察中，年轻的中产往往为家境殷实的富二代，家中的长辈给予了他们一定的支持和助力，这些人婚后就能在城市核心地段过上有车有房的生活；而资深型中产往往是靠自己打拼、积累下一定财富的创一代。无论是年轻的还是资深的中产群体，他们的特点都是拥有独立的事业、相对稳定的生钱资产，同时还拥有稳定的现金流。当我们迈入中产行列后，此时改善的建议是正向积累，让自己的财富保持稳步增长，同时务必注意避免超前消费，尤其是在当下经济形势较为复杂的时期，我们要适当消费，保留一定的积蓄，遇到好的投资机会，也要尽可能去把握。

第五种，"新钱"。我们经常会把有钱人分为"新钱"和"老钱"两类。"新钱"是别人眼中的社会精英、有钱人，往往是家族里第一代富起来的人。"新钱"的产生是因为他们抓住了行业的风口，或者掌握了某种资源，从而实现了快速变现。然而，很多"新钱"面临着一个共同的挑战，就是自己的财富认知和财富承载力能否与突如其来的巨额财富相匹配。在这里，需要注意的是要让我们

 女主力

的承载力与自身拥有的财富相匹配,并且能够以一个完整且系统的角度去看待财富,逐渐成长为"老钱",让家族尽可能富得久一点。

第六种,"老钱"。如果说"新钱"是靠新兴的机会和资源来赚钱的,那么"老钱"往往是靠资产生钱的。因此,我们可以很明显地看到"新钱"往往忙碌奔波、时间紧张,而"老钱"看上去生活闲逸、时间自由。我曾与许多富了两三代的家族掌舵人进行过深入交流,他们普遍认为要注重子女的教育、财富的传承,以及能够产生正向现金流的资产迭代。要知道,有些资产在上一个经济周期是赚钱的,可能在下一个经济周期就是赔钱的。所以,资产的腾挪与迭代是每一个家族掌舵人必备的能力。

第七种,"变瘦的骆驼"。在"老钱"中有一种比较特殊的存在,我们称之为"变瘦的骆驼"。这指的是家族现有资产正在贬值的"老钱",以及原有业务利润下滑的企业主。不可否认的是,随着社会的发展和经济周期的更迭,财富也是不断流动的。俗话说:"三十年河东,三十年河西。"对于有一定资产积累和底蕴深厚的家族来说,倘若整个家族的财富正处于下行周期,首先要做的是接受现实。要知道花无百日红,只有根据实际情况做出明智的决策,避免孤注一掷,才有可能让家族的经济状况经过调整后逐渐变好。处于"变瘦的骆驼"这一阶段的家族,一定要保留家族底蕴和火种,注重教育,学习新兴产业和行业知识,打磨自身。

第八种,"正在长大的金鹅"。既然有正在变瘦的骆驼,就会有正在长大的金鹅。金鹅指的是在经济周期中处于上升期行业

的企业所有者与投资者。当一个行业处于上升期时，对于这个行业的资源拥有者来说，有三个非常重要的关键词：正心正念、顺势而为、保持稳定。切忌得意忘形，要始终保持对经济周期和财富的敬畏之心，这样才能获得助力和加持，不至于迷失在纷繁复杂、令人眼花缭乱的财富幻象中。

第九种，"人形聚宝盆"。这类人拥有神奇的魔力：靠近他们的人能够得到成长，经他们之手的事情往往更容易取得成功。他们就像是确定性很高、正向投产比极佳的优质资产，既可靠，又总能为身边的人带来好运。倘若你恰好是一个"人形聚宝盆"般的存在，在此，恭喜你身边有幸与你同行的人，同时也祝福你能与更多的"人形聚宝盆"结为伙伴，共同迈向越来越好的未来。

我时常会问大家一个问题："有钱人到底是先有钱，还是先成为有钱人？"答案是先拥有有钱人的状态，金钱才会流向我们。

成为有钱人的第一步，就是要注重自己的形象与着装。这并不是要我们什么贵就穿什么，而是要我们时刻让自己保持整洁、舒适、美观、得体的状态。这里有一个极为关键的提醒：在什么场合就显什么相。意思是，在很多场合，得体、好看更为重要。穿着昂贵的人不一定有钱，但是看上去疲惫不堪的人多半不招财。

第二步，让自己时刻处于稳定且确定的状态中。稳定指的是情绪的平和。只有保持平和的情绪，财富的种子才能够扎根。确定指的是明确的方向。常言道"条条大路通罗马"，但若天天变换道路则很难到达罗马。拿择业来说，我们应选择自己喜欢且热爱，同时能够创造正向金钱收益与精神价值的事业，然后持之以

 女主力

恒地深耕下去。在选择上力求一劳永逸，在努力上坚持不断精进，让自己在人生投产比最高的那个点上"死磕到底"。

一个能创造财富的人，身上往往会散发着流动、明亮和福德的气息。财富在流动中增长，人生在突破和探索中成长，因此那些擅长让情绪与金钱顺畅流动的人，往往会收获人生和财富的奖赏。与此同时，生命中那些像光一样照亮我们的人和事，也常常会为我们带来荣耀与丰盛的体验。

古语有云："积善之家必有余庆，积不善之家必有余殃。"福德是可以养出来的，那么"福"有哪些呢？在过去十年陪伴很多人成长的过程中，我发现人的福气大致分为三种：第一种是"世福"，包含时代之福、环境之福、传承之福，基本都是外部大环境所赋予的。例如，我们生长在一个和平与经济快速增长的时代，我们生活在一个温度适宜、资源充沛的城市，我们有一个父母恩爱、长辈扶持的家族。第二种是"外福"，就是外人眼中的福气，分为金钱之福、关系之福和事业之福。顾名思义，看上去金钱比较富足、关系相对幸福，同时拥有创造正向价值事业的人，便是拥有外福的人。第三种是"人福"，我们又把它分为健康之福、平和之福和成长之福。人福大多关乎我们自身，代表一个人身体健康、情绪稳定，并且在持续成长。

在这里，我跟大家分享几个适合当下女主人的福德锦囊。

第一，顺势而为。我曾向一位在商业领域成绩斐然的姐姐认真请教："如果只有一个忠告是你要给我的，那会是什么？"当时姐姐深思熟虑了很久，对我说了四个字："顺势而为。"我们

要对世界格局、行业周期有一个大致的了解，并且在这个过程中找到属于自己的位置，结合自身的资源优势，做出适合自己的判断与选择。

了解一个人的前提是先看看对方所处的时空点、手头资源及心之所向。同时，更重要的是弄清自己所处的时空点、手头资源，以及如何完成自己的目标。

学习不是照搬，而是结合自身情况加以运用，从而创造出属于自己的人生机会与空间。

时空点是什么呢？

时空点包括年龄、履历、社会角色、行业地位等要素。人的生命是有节律的，全职妈妈和女企业家，自由工作者和体制内的事业编人员，他们所面对的时空点差异之大，可以说是苍穹与深海之别。因此，每当有人来找我咨询时，更多的时候我是帮对方厘清现状、明确目标，并制订行动路径。

第二，利人利己。这个世间只有三种关系，分别是好关系、坏关系和没关系。我们对外造成的每一份损耗，都可能在未来演变为破坏力巨大的隐患；而对内的自我消耗，也会影响我们朝着心中所向前进的续航能力。

因此，做任何一件事情先要考虑的是共赢，因为只有在共赢中才有滋养，没有伤害，才有更大的空间和可能性，而不是埋下限制或破坏的种子。

 女主力

第三，最好的努力是"高效杠杆"下的稳步奔跑。要稳中求快，能够一边努力一边拿到成果，让每一个成果都可以成为下一轮努力的种子，让肩上的重担逐渐转化为脚下的基石。

第四，降低预期，加大投入。伤害往往源于现实与预期之间的差距。当我们预期特别高的时候，往往迎来的不是满足和收获，而是伤害。那些期待一堂课就能改变命运、一次投资就能保终身的人，注定是"猎物"和"韭菜"。预期过高的别名叫作"贪心"，而真实的收获感等于实际收获减去预期。福气满满的人往往是知足常乐的，并且愿意全身心投入。

有对错就有消耗，有对比就有伤害。因此，我们要追求共赢。拥有这种能力的人，身边的人（甚至对手）变好等于他自己变好。一个人如果能让其他人与他成为一荣俱荣的生命共同体，就可能拥有更好的人生。

足够富的人，是在足够早的时间做了足够对的选择，投入了足够多的资源，并且在那之后没有犯下严重的错误。时间越早，决策越正确，投入越多，越能抗风险，也就越富有。

富了足够久的人，是非常敬畏周期的，他们喜欢做确定性的选择。由于眼界和认知的不同，这群人眼中绝对正确的事，在大多数人看来往往显得有些荒谬。

当下的时代蕴含着诸多机会，虽说当下未必是硕果累累的丰收期，却是一个很好的播种期——抄底资源、链接人脉、成长自我、提炼经验、积蓄势能。

做好事业定位，搭建个人品牌

有时候，我们对这个世界理解的差异，源于我们误以为别人像我们一样了解我们自己。但事实并非如此，别人对我们的认知，一是通过我们带给对方的感受，二是通过我们身上的标签，即个人品牌。

一个能持续给别人带来"好感"的人，运气一定不会太差；一个能把自己的"价值＋光环＋人品"标签经营明白的人，财路也会相对宽广。

很多人并没有很好地对外经营和展示自己，却因身边的人不理解自己而感到委屈。其实，不被理解大多数时候不是别人的问题，而是我们自己有些该做却未做的事。

在自己的主场做好主人，在别人的主场做好客人，人生大多数时候就会很顺利。如果想要一直在舞台上，最好的选择并不是霸占主角的位置，而是让自己成为舞台，托起与自己相关的一切。

个人品牌及事业定位

现在，我们来到了很多人特别关心的事业及个人品牌部分。

 女主力

为什么我会把很多人关心的主题放在后面讲?因为如果缺乏对系统的理解,没有完善好自己的人生,事业也只是很多人用来填坑的代价而已。

我们先来谈谈如何通过个人品牌及事业定位搭建属于自己的事业系统。这是一个"超级个体"的时代,你同意这个说法吗?或者说,时代的光环属于超级个体。让我们回顾一下历史长河中那些留下名字的人,如秦始皇、武则天、孔子、李白等,他们要么拥有影响力极大的特殊身份,要么有传世级别的代表作,要么是某一种文化或精神的开创者。

我们再来看看这个时代,那些在各行各业中极具影响力的人,他们又做了什么样的事情?

他们也许是某一种文化或者精神的代表者,如海灵格与家族系统动力;也许是某一个超级创新产品系列的创始人,如乔布斯与"苹果";也许是某些现象级影视作品的主角或导演,如吴京与电影《战狼》、饺子与电影《哪吒》。

当一个人的话语可以影响很多人时,他就要对自己说出的每一句话负责。"如临深渊,如履薄冰"不是胆小,而是要深知自己决策的影响力。因此,我们言语间应满怀对大系统的敬畏,以及对影响对象的爱护,否则,就极易招致反噬,甚至翻车。

作为普通人,我们为什么要学习个人品牌的知识?因为在当下这个时代,打造个人品牌其实是投产比相对较高的商业行为。

我们能够在多大的人群中形成正向的口碑与个人品牌，就可以获得多大的影响力及商业成果。

那么，成就个人品牌的条件是什么呢？就是要在某一个领域拥有标签化的成果，同时能传播出某种价值观及精神力量。是的，品牌其实是相似人群相似价值观的聚合，最后能够被与自己有相同价值观的受众喜欢、信任，并通过购买等行为表示支持。其实，个人品牌是一场关乎天时、地利、人和的自我营销。需要再次强调：品牌背后是相似人群的相似情绪的集合。当一个人能够创造足够多的情绪流动时，他就开始形成个人品牌了。

个人品牌是指一个人通过特定的方式塑造和展示自己独特的身份、特点和价值观，从而在他人心中形成一种独特的形象和认知。这通常涉及个人的专业技能、成就、经历、个性，以及与人交往的方式等。

在现代社会，个人品牌的建立越来越重要，它不仅关系个人的职业发展，也影响个人的社交圈。例如，通过社交媒体、公开演讲、出版书籍或发表文章等方式，个人可以展示自己的专业知识和见解，吸引他人的关注并获得认可。

个人品牌建立的关键在于真实性和一致性。一个成功的个人品牌应当真实地反映个人的特点和价值观，并且在不同场合中保持一致。

 女主力

如何搭建个人品牌

在这个时代,我们如果需要被辨识并被他人记住,就要有意地搭建自己的个人品牌。搭建个人品牌有五个核心问题,当我们能够全部想通这些问题时,个人品牌就会初见雏形。

第一个核心问题:我的核心价值观和精神力量是什么?一般来说,成功品牌化的产品或个人背后,往往有成功的人格化或者精神力量作为支撑。品牌原型理论源于瑞士心理学家卡尔·荣格(Carl Jung)提出的原型概念。荣格提出了12种基本原型,这些原型代表了不同的人类需求、情感和价值观。以下是荣格提出的12种经典品牌原型。

守护者:代表关爱、保护、帮助和支持。例如,"强生"以其婴儿和家庭护理产品闻名,代表了守护者的品牌形象。

普通人:象征着平易近人、真实、谦逊和亲和力。例如,"宜家"以其实用、贴近日常生活的家具和家居用品,塑造了普通人的品牌形象。

创造者:代表创新、艺术、表达和创造力。例如,"苹果"以创新和设计著称,成功塑造了创造者的品牌形象。

英雄:代表勇敢、力量、成就和挑战。例如,"耐克"鼓励消费者迎接挑战、超越自我,是英雄原型的代表。

天真者:代表简单、快乐和美好,蕴含回归自然的愿景。例如,"伊卡璐"草本精华的品牌设计,以春天的树叶和鲜花为元素,传递出返璞归真之意。

叛逆者：代表自由、反叛和突破传统。例如，"哈雷·戴维森"以其独特和叛逆的摩托车文化而著称。

情人：代表爱情、浪漫、激情和欲望。例如，"维多利亚的秘密"以其性感的内衣产品代表情人形象。

统治者：代表权力、控制、领导和秩序。例如，"劳斯莱斯"以其高端、豪华的汽车代表了统治者的品牌形象。

娱乐者：代表乐趣、活力和幽默。例如，"百事可乐"以其快乐和活泼的品牌形象塑造了娱乐者的品牌形象。

探索者：代表冒险、自由、探索未知和自我发现。例如，户外品牌"北面"强调探索大自然、挑战极限，代表了探索者原型。

魔法师：与变革、梦想和神奇相关。例如，"迪士尼"以其独特的魔法世界和幻想故事，成功地塑造了魔法师的原型。

智者：代表智慧、洞察力和求知欲。例如，"谷歌"以其信息搜索和知识共享的能力代表智者形象。

这里要特别注意和强调的一点是，我们成为某一种人格或者某种精神力量的代表后，就不要轻易"串台"。例如，以尊贵著称的劳斯莱斯，很难被追求个性和自由的哈雷摩托车的受众喜爱。因此，每个品牌都有其固定的受众。品牌最重要的就是它的精神原型，而对于个人来说，最好的精神原型就是我们最真实的价值观。我们如果是追求和崇尚自然的人，就不要刻意把自己打扮成神秘的魔术师，以此类推。

个人品牌搭建的第二个核心问题：我可以展示的背书和成果

是什么,以及我对外展示的形象是什么样的?形象决定了第一印象,成果和背书决定了被重视和被尊重的程度。例如,如果我把自己定义为兴家旺族、创富造福的女主人,那么,我所有的成果和背书,以及我对外展示的形象,都要围绕这一角色来打造。

第三个核心问题:我的受众是谁?这里我们要问自己几个问题:首先,我能给哪些人带来价值?其次,我能帮他们解决哪些"痛点"?最后,我能为他们创造怎样的"爽点"?

当确定好受众之后,我们就会迎来第四个核心问题:可以承载我们个人品牌的产品是什么?这里有一句非常经典的关于个人品牌及定位的锦囊妙计,叫作"我是谁,我就卖给谁"。同时,它又可以细分为以下几种情况。

第一种情况:当要出售产品时,我们要把产品卖给与我们相似的人群。例如,宝妈更容易与宝妈成交,创业者更容易与创业者成交。因此,当我们在卖产品的时候,个人品牌形象就应该与受众相似且有强相关性。

第二种情况:当要出售课程或赋能时,我们要把产品卖给那些曾经的自己,或者是想要成为我们这样的人。这时,策略应调整为"谁想成为我,我就卖给谁"。

第三种情况:向上提供服务。这往往意味着客单价比较高且无法批量服务。这时,我们的策略就会调整为"谁会受益于我,我就卖给谁"。

总的来说,同级之间卖产品,向上卖服务,向下卖成长。很多时候,不是你的产品不好,也不是你的能力不足,而是一个好的商业模式一定是卖方、买方和产品三方适配。

建立个人品牌需要回答的第五个核心问题：如何建立流量入口，并推进商业进程？

与用户建立关系的第一步，是从好奇到好感。在短视频和自媒体盛行的时代，拍摄短视频、直播或者老客户介绍都是很好的流量入口。当我们吸引了准用户的好奇心和好感之后，其实还没有到成交的时候，我们要做的是把这种好感逐步培养为初步信任。如何从好感过渡到初步信任呢？大多数情况下，我们会通过一个"验货品"来增强彼此之间的联系。在这个时代，成交不再是单纯的买卖关系，而是通过一次交易把原本该达成共赢的人聚在一起。因此，成交的前提是共赢，而非赚钱。

当我们的新用户通过验货品对我们产生了初步信任之后，我们就可以推进下一步，去建立深度信任，并搭建起更加稳固的关系。这时用户才会购买我们的深度产品，甚至成为我们的事业合伙人。因此，个人品牌的搭建是一场关于吸引共同价值观的人群与价值创造的活动。

在当今时代，如果想要取得商业上的成功，就需要将产品与营销相结合，而品牌正是二者结合的纽带和载体。品牌意味着产品有保障，也代表着产品有好口碑。能为多少人带来情感共鸣，就能创造多少价值，也就拥有多大的品牌力。从某种程度上来说，品牌能够在消费者的心智层面完成"预售"，即消费者尚未进入消费场景，就已经预先确定好了要购买哪个品牌的产品。

 女主力

事业发展与系统规律

事业发展系统同样遵循着序位、完整、平衡、事实、流动的法则。

在事业发展系统当中,序位理念可应用于团队层级构建、产品矩阵布局及用户链路设计等方面。年入百万的团队,在自媒体时代可以是一个创始人加两个助理的团队;年入千万的团队,是一个创始人加两个助理加四个员工的团队;年入3000万的团队,是"1+4+10"的团队。在学习成长类产品的商业体系中,不同的产品对应不同的定价逻辑。例如,买一本书,往往只要几十元。而学习一项技能,至少需要几千元的投入。若要在某个领域深耕并有所成就,则需投入更多的时间、精力和金钱。因此,我们不难发现,技能比知识贵,认知比技能贵,改变比认知贵,圈子和环境比个人改变贵。

平衡法则适用于事业发展系统中价值核心与外部杠杆之间的平衡。正向的价值核心包含创始人或者从业者本人的优势、利他思维、利润空间、成长性及精神导向等。外部杠杆包括工具、团队、自媒体品牌效应、时代红利等。

完整和事实这两个法则,则体现在事业目标、企业或者项目

本身、事业中的合伙人、上下级关系、时代及外部环境,以及非常重要的创始人本人的状态等方面。

在流动法则当中,我们一定要设计好事业和生命中的能量流,包括现金流、情绪流、人员流和福德流等。

事业中的人际系统

事业系统中的种种人际关系也是非常重要的。

首先是家族与家人。有的朋友可能会问,都已经谈到事业方面的内容了,为什么还要提及家族和家人呢?因为我们对金钱的认知及为人处世的方式,最早源于成长环境中与家人的互动。我们的养育者及与我们共同生活的人,他们如何看待金钱和事业,他们能够为我们的事业带来助力和滋养,还是消耗和拉扯,这对于我们来说是非常重要的。

其次是事业合伙人。一定要慎选事业合伙人,甚至要像选伴侣一样去选合伙人。那么,如何选择合伙人呢?这里有四个前提条件:第一,价值观相同;第二,行为方向一致;第三,能量和势能大致匹配;第四,在能力和风格上和谐互补,就像芒格和巴菲特、沈腾和马丽,分则各自为王,合则天下无双。

当一个人足够强大后会发生什么?对待所爱之人、所爱之事,他可以随时撑起一片广阔的天地,能做到运筹帷幄。

我很幸运地获得了很多强大的力量支撑,而更幸运的是,我也逐渐成为很多人心底的那份支撑。

最好的关系 = 你我都强 + 彼此支撑。

 女主力

再次是事业中的领导和贵人。在事业中,涉及领导和贵人的关系模型,往往可以在我们各自原生家庭的父母关系中找到影子。这里不做过多的讨论,请参考前文。

最后是团队和下属。如果想要带出一支能力强且心往一处使的团队,其实要经历三个阶段。第一阶段,像带孩子一样带团队。这个时候团队可能懵懂无知,我们需要极具耐心,要手把手地教。第二阶段,像带高考的孩子一样带团队。此时团队已经具备基本能力,但还缺乏磨炼。这时让团队经常有拉练和打仗的机会显得尤为重要。第三阶段,像带部队一样带团队。如果说第一阶段用的是爱和耐心,第二阶段我们要像教练和老师那样去引导,那么到了团队成熟期,我们就要依托系统规则,让团队的战斗力发挥到极致,这样企业和项目也将迎来成熟期和收获期。

我们同样还要关注与用户的关系。与用户最好的关系是携手共赢。我们把用户所需要的价值提供给对方,并且赚取合理的利润,以保障事业的持续发展。一个天使用户抵得上100个普通用户,这也就是我们常说的20%的用户会带来80%的收入。那些真心对我们好、支持我们的用户必将给我们带来滋养。

行业周期与个人发展

如何在事业上取得成功呢?我们要认清一个现实,就是事情往往都有特定的发展周期,越大的成果往往越需要漫长的孕育和生长过程。较为理想的事业选择是在一个行业发展起来之前就进入这个行业,也就是我们经常说的"种子期"。正如前面所提到的,在种子期,我们往往会感受到诸多压力。此时,我们可能有了一

第九章 金钱的特性与创造法则

个具体的念头，或者发现了某个需要解决却尚未解决的问题，进而萌生出想要解决它的想法。

2020年年初，当时我已经从事关系科学分享三年有余。那时，我发现当代家庭的女主人是一个被严重忽视的群体。她们肩负着家庭的责任，同时还有事业的追求，但市面上很少有专门支持和赋能这一群体的课程或圈子。有一些女性成长课程，也只是单方面地解决情感、育儿、个人形象管理等方面的问题。

2020年3月到2023年7月这三年零四个月的时间里，我投入了七位数的资金，拍摄了近2000条短视频，除了收获一些播放量之外，其他什么成果也没有。朋友们戏称我为"黄金韭菜"。2018年4月到2023年4月这五年的时间里，我往返于商学院的课堂，一边创业，一边学习，被我的商业导师"枪毙"了四个项目，直到2023年4月在珠海，他才对我说："耿帆，'太太商学院'这个想法对你来说是可行的。"当时我以为太太商学院就要"起飞"了，然而在接下来的100天里，什么进展也没有。

在种子期，我们需要做的是什么呢？我们要确信自己在做一件正确的事情，保持正念，静待机缘的降临。同时，我们要区分自己是处在种子的状态，还是石头的状态。种子和石头同样被埋在地下，种子是拥有生命力和成长意愿的，而石头是无法被土壤的养分激活的。当然，能改变石头的是雕琢和打磨，激发种子的则是滋养和意志力。

这个世间不缺好的种子，但是又有多少种子能够成长为幼苗

 女主力

呢？那些自身基因好、拥有高成长性和高意愿度，并且能够遇到适配的环境与季节的种子，才有机会进入幼苗期。

在幼苗期，创始人开始尝试探索和解决问题。一旦从种子成长为幼苗，原本覆盖于我们头顶的层层阻力就会逐渐转化为助力。破土而出之后，我们就能够看到更多的希望与光明，尽管这时距离实现目标还很遥远。

虽然"太太商学院"项目迟迟没能启动，但是我开始持续地向身边的人表达我想要做这个商学院的想法，也因此吸引了越来越多的人给我介绍和对接各种各样的资源。直至2023年5月，"格掌门"这个名字频繁被人推荐，于是我们互相加了微信。后来，我跟格掌门共同创造了诸多佳绩。但最初，我们仅仅是加了彼此的微信。现在回想起来，我做得最对的一件事，就是在加了微信好友的第一时间，向她付费购买了九个线下课程，并决定带领整个团队飞到长沙，向她学习自媒体商业闭环的打造方法。

当一个事业的种子成长为幼苗时，我们需要做的是尽人事、听天命。此话怎讲？在幼苗期，我们其实并没有好的案例和背书，也没有很多资源，只能根据现有情况主动推进，但谈成果和回报的确为时过早。很多人之所以让事业一直停留在幼苗阶段，是因为在这个阶段非常容易找错对标对象。幼苗破土而出后，会看到一个更加丰富多彩的世界，处处可见枝繁叶茂的大树，这时的幼苗是非常容易自我放弃的。然而，它忽略了所有的参天大树都曾

第九章 金钱的特性与创造法则

是幼苗。因此，以能够承受的低成本试错方式去创造尽可能多的机会，不失为一种明智的人生策略。幼苗期是事业最容易夭折的时期，1000棵幼苗往往才能长出一棵大树，这也是我们看到大部分公司在注册的三年之内关停的原因。

如果说，种子期对应行业周期中的"看不见"阶段，幼苗期对应行业周期中的"看不上"阶段，那么小树期就会进入"看不懂"阶段。

到了小树期，事业已经有了一定的规模，并且呈现出欣欣向荣的态势。在这个阶段，很多人虽然对这个行业产生好奇，但依然看不懂它的过去与未来。

"千帆"进入小树期是在与格掌门达成合作之后的第100天。那段时间，我们突然就忙了起来，而且看上去有点像在瞎忙，无数的会议、无数的资料、无数的课件和直播。曾经只卖客单上万的我，开始在直播间卖99元的公开课，并且完成了一轮成交闭环。

当一个事业成长到被别人看不懂的小树期时，作为创始人最关键的心态是尽心尽力，不看回报；最重要的行动是继续向前，并且保持积极向上的势头。

行动力是非常重要的资源，同时一定要留意是否有来自市场的正面反馈。小树期是事业发展的一个分水岭：到底是继续成长为参天大树，还是自认为已经长成了成年灌木？对此，我们要做一些区分。

在小树期看似完成了一些闭环,但其实基本是单兵作战的实验期。有的人终其一生停留在此,成为一个小富即安的个体户。小树和成年灌木的共性,都是通过个体努力拿到了正向的价值反馈,没有其他的杠杆。不同的是,小树选择继续成长,成年灌木则止步于此。选择做一个年入几十万元的小生意,小富即安,有个稳定的工作,偶尔放松一下,这是成年人很常见的一种生命状态。

小树继续成长,就会迎来生命中的第一次花期。这个阶段也可以理解为事业发展到了别人"追不上"的阶段,开始有了影响力,合伙人之间开始缔结深度关系,周围响起了掌声,资源也会主动靠近,吸引了大量关注。

"千帆"的花期出现在 2023 年 10 月到 2024 年 3 月。2023 年 10 月,我们举办了第一次"千帆"线上女性分享峰会,影响了 10 多万人,在知识付费和女性成长的圈子中完成了势能破圈,并创造了单月超 200 万元的营收。

开花期是一个事业最初的繁华阶段,也是很危险的阶段,非常容易"乱花渐欲迷人眼",因为太多人想要"有花堪折直须折"。这时,创始人和成长主体保持清醒、克制是非常重要的。我们可以回顾一下那些年在最美花期翻车的明星或网红,名气和影响力是把双刃剑,在得到名与利的同时,也意味着会有更多的人拿着显微镜来观察你,意味着你要做好在聚光灯下被 360 度围观和解读的准备。

第九章　金钱的特性与创造法则

开花期最关键的心态是保持清醒，聚焦目标。创始人和核心团队成员要谨言慎行。

在"千帆"最初四五个月的开花期里，我们经历了 100 多天充满光环的时光。每周都有很多有合作意向的客户找上门来，无论是我熟悉的还是不熟悉的领域，他们都对我说："能合作吗？条件你来开。"对此，我一一谢绝了。我们做了一个决定：闭关升级。

2024 年 4 月，我们团队聚集在青岛，包了四套别墅，每天工作十几个小时，只为打磨一个更加充实、美好的未来。一个月后，"千帆"推出了 2.0 版本的品牌计划，营收也取得了显著增长。

至此，"万紫千帆"的完整体系终于成型，热度开始退去，真正的价值观与成果开始展现。我们来到了成果期，实现了盈利和商业闭环。

2024 年 5 月，"万紫千帆"正式成立，我与格掌门成为这个新公司的联合创始人。"千帆"合伙人系统上线，我有幸走进高校，做关系科学的分享，各种机会和荣誉也接踵而至。6 月，我们受邀走进央视，接受了朱迅老师近一个小时的专访，并被多家媒体报道。

我们将课程开到了北京、上海、深圳、长沙、青岛等城市，收获了无数的感谢和好评。在下行的行业周期里面，我们走出了逆势上涨的发展路线。

当事业来到成果期，此时需要的心态是享受当下，同时心怀

 女主力

敬畏，并且要善用已有成果来布局未来。

当事业到了成果期之后，我们往往会面临三条前路。

第一条路叫去向没落、归于来处。例如，我们曾经耳熟能详的一些品牌，如健力宝、柯达、诺基亚等，随着时代的发展被湮没在历史的洪流之中。一鲸落，万物生。从某种意义上来说，这也未必是件坏事。

第二条路叫重新播种、再入循环。选择这条路的话，我们需要在原有成果中继续播撒新的种子，布局新的未来。例如，很多作家和导演，每隔几年就会有一部新的代表作问世，这正是他们用过去的种子又长出了新成果的表现。

第三条路叫多元延续、涅槃重生。"千帆"最初的种子来自哪里？它其实是我在2023年之前那2000多个日夜所养出的一颗黄金种子。2015年到2023年，我开办过200场线下课，助力了数千个家庭，改善了他们的人际、事业、内在等方面的系统，这才让我有底气和资源跨界到自媒体及女性成长行业，埋下这颗名为"千帆"的种子。在这个过程中，我以押上一切的决心，用500天的时间浇灌出了一片太阳苗圃。期待未来某天，当我退休或告别这场生命之旅时，因"千帆"而向好的生命之树，已然枝繁叶茂、亭亭如盖。

生命的最终归宿，往往是尘归尘、土归土，重新回到本源，助力万物生长。

后记

写给所有成长中的"她"

特别感恩这一路走来的所有际遇,这些点点滴滴共同铸就了这本书诞生的基础。期待它的问世能为更多女性朋友带来力量,为更多家庭注入幸福的养分。

对于读者而言的一本好书,是作者一字一句用心雕琢的结果;在别人眼中一年瘦了几十斤的变化,是当事人一点一滴自律的结果。同样,好的关系,是一句一句温暖善意的表达,是一点一滴的支持和陪伴;糟糕的关系,是一次又一次的无视和错位,才慢慢熄灭了幸福的火花。

没有什么是一蹴而就的。很多人因为突然看到了别人的成就,就以为那是突然得来的。然而,万里长城也是用足够长的时间、足够多的人力一砖一瓦堆砌而成的。

在我们眼中"横空出世"的惊艳背后,当事者往往经历了如孙悟空被压五行山下五百年般的漫长坚持,经历了像唐僧师徒西

 女主力

天取经那样，日复一日地朝着一个方向，闯过独属于那段征程的"九九八十一难"。

我们常常在理性上极其认同"长期主义"，却总在他人看似轻易的成功面前变得心浮气躁。只有当我们能够清晰、准确地认识自我，深入理解事物的发展规律时，我们才能真正领略人生中的美好。

想要拥有美好的人生，其实很简单：知道自己想要什么，并让自己的言行全部围绕这个目标坚定地前行。然而，想要有好的人生体验其实又很不容易，因为我们要时刻倾听内在的声音，不能被外界的眼光和固有习性裹挟，要看清现实真相和自身贡献，而非沉迷于演绎出来的故事或无端揣测。

我们头脑运转的速度快如能瞬移十万八千里的筋斗云，而我们心灵的成长却慢如蜗牛爬行。因此，我们仍需一步步走过属于自己的"取经之路"。好在我们每闯过一个关卡，都会有相应的外在境遇的改变作为通关奖励。

在此，我想跟大家分享一个多年来亲测有效的成事方法，具体步骤如下：

（1）找到一个你真正想要完成的目标。这个目标可以是赚钱，可以是分享，可以是变美，也可以是你真心期待的事情。

（2）每天围绕目标完成三件小事。什么样的事算"小事"呢？按照每天有效工作时间为九个小时来算，能让自己在三个小时内完成且离目标更近的事情都算。

（3）每半个月围绕这个目标完成一件有难度的事。怎样算有

难度？这的确因人而异。于我而言，当下在某个城市办一场线下课程就是一件有难度的事。

（4）每三个月完成一件大事。于我而言，准备一场大课、做一场大型线上活动或者写一本书，都算大事。

一件小事 = 一小步
一件有点难度的事 = 一中步
一件大事 = 一大步

按照这样的节奏来做事，一年下来我们每个人都可以朝着自己的目标前进 365×3=1095 小步、24 中步、4 大步。试想一下，如此持续三五年后，你的人生将会是怎样一番全新的光景呢？

如今，投资个人成长这件事，就好比 20 年前投资房地产一样意义重大。很多人愿意用百万、千万，甚至上亿的资金去购置身体的居所，却鲜少有人愿意拿出时间和预算来好好升级自己的认知与灵魂。

于是，很多人用"匮乏的灵魂"去追寻"丰盛的物质"，这又何尝不是一种像叶公好龙一般的荒诞行为呢？

人真的是会心"享"事成的。我们的心习惯什么，我们就享受什么。因此，爱会流向不缺爱的人，苦会流向不怕吃苦的人，钱会流向真正懂钱的人。

很多时候，有效的成长捷径往往藏在那些无法言说的至暗时刻——经历崩塌式破碎，独自咬牙承受，在漫长自愈中涅槃重生。

女主力

幸福与成功或许有运气的加持，但强大之人往往不会拥有一帆风顺的过往。

这个时代，有太多努力想把人生经营好，把家庭照顾好，却因为方法不对而让自己疲惫受伤的女性。

这个时代，有太多很有能力，也很聪慧清醒，却因为不熟悉系统和关系运作的法则，找不到同频的前行者，由此感到迷茫和孤独的女性。

这个时代，有太多想要助力女性去系统地成长，但可能受困于当前资源而成为心有余而力不足的分享者。

女性的成长，并不是抛亲弃友，也不是只盯着变美变富，更不是物化男人、物化自己。

女性的成长，是更丰盛的内在、更包容的承载、更有力的创造、更高效的经营；是同时具备仁慈与果断，是无论经历什么，都有让自己与所爱之人向善向好的智慧；是构建共赢的关系，对外没有竞争，对内不自我消耗。

曾经，我以为拥有爱的方式是得到很多的爱、赞美和善意，结果，明面上得到的越多却越失望。如今我才明白，能够顺畅给出的才是我们真正拥有的。在给出爱、赞美和善意时，我们自身也逐渐成为这些能量的代表。每个人都渴望被真实且高价值地看见，而被看见的最好方法是看见他人。

我心里一直有一个美好的想法：想让所有的孩子都能成长在爱与安稳的环境中；想让所有的家庭都幸福和睦；想让所有值得的人都拥有美好的物质和稳定的情绪；想让我们的世界和平长存、

后记

美好常在。

女性成长是一件可大可小的事。它小到可以关注每一个细枝末节，如呼吸方式、起心动念、一言一行等；它也可以大到影响我们整个人生、家族传承，以及与我们相关的人和事的发展。

每一位女性，放在大时空里看似不大，可是每一位母亲、妻子、女儿，对于相关之人来说都重要至极。

这些年来，我一直围绕女性的具体问题做一些思考、整合与输出，有时会产生一种越具体就越抽象的错觉。在这个充满机遇与挑战的时代，许多女性既觉得幸运又觉得迷茫：幸运的是我们生于一个和平且有机会展示自我价值的时代，迷茫的是不知如何规划才能过好这一生。

写这本书的初衷，是在陪伴并见证了许多当代女性的成长之后，我有很多心里话想要说给大家听。于是我"闭关"一段时间，把过往的感悟与积累汇总在这本书中。希望翻开这本书的你，能够成为一个在关系里幸福、在事业中成功、在人生的各个选择中自由的身心强大的"大女主"。

如果你也认同"兴家旺族，女女有责"这一理念，那么，我诚挚地邀请你与我们携手，努力奋进，共同成长、蜕变。要知道，我们每个人，既是宇宙中的渺小微粒，又是广阔天地里的细微尘埃，但我们拥有改变世界的力量。

若你在本书中有一些所得，愿这些所得不仅有益于你，也能惠及你所爱与爱你之人。愿我们共同生活的世界，因你我从未停止成长的脚步而愈发美好。